5年

実力アップ
計算
練習ノート

計算力がぐんぐんのびる！

このふろくは
すべての教科書に対応した
全教科書版です。

JN096435

年　　組　　名前

「計算練習ノート」はとりはずして使用できます。

1 直方体や立方体の体積(1)

得点

時間 20分

/100点

◆ 次のような形の体積は何cm³ですか。

1つ6〔36点〕

①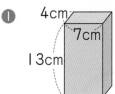
4cm 7cm 13cm

②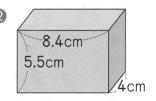
8.4cm 5.5cm 4cm

③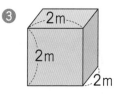
2m 2m 2m

（　　　　　　）　　　（　　　　　　）　　　（　　　　　　）

④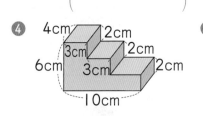
4cm 2cm 3cm 2cm 6cm 3cm 2cm 10cm

⑤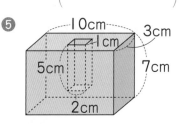
10cm 3cm 1cm 5cm 7cm 2cm

⑥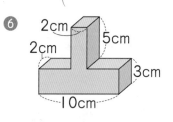
2cm 2cm 5cm 3cm 10cm

（　　　　　　）　　　（　　　　　　）　　　（　　　　　　）

♥ 次の図は直方体や立方体の展開図です。この直方体や立方体の体積を、それぞれの単位で求めましょう。

1つ6〔36点〕

⑦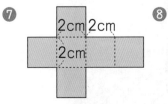
2cm 2cm 2cm

⑧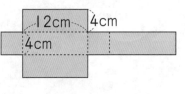
12cm 4cm 4cm

⑨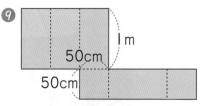
1m 50cm 50cm

cm³（　　　　　）　　cm³（　　　　　）　　cm³（　　　　　）

mL（　　　　　）　　mL（　　　　　）　　L（　　　　　）

♠ たてが28cm、横が23cm、体積が3220cm³の直方体の高さを求めましょう。

〔7点〕

（　　　　　　　　　　）

♣ ある学校のプールは、たて25m、横10m、深さ1.2mです。このプールの容積は何m³ですか。また、何Lですか。

1つ7〔21点〕

式

答え（　　　　　　、　　　　　　）

2 直方体や立方体の体積(2)

時間 **20**分

得点

/100点

◆ 次のような形の体積を求めましょう。　　　　　　1つ10〔60点〕

① たて4cm、横5cm、高さ6cmの直方体

（　　　　　）

② 1辺の長さが8cmの立方体

（　　　　　）

③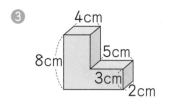

（　　　　　）

④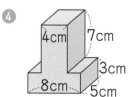

（　　　　　）

⑤

（　　　　　）

⑥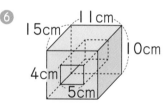

（　　　　　）

♥ 右の図は直方体の展開図です。この直方体の体
積は何cm³ですか。　　　　　　〔10点〕

（　　　　　）

♠ 右の図のような直方体の水そうがあります。この
水そうに深さ15cmまで水を入れると、水の体積
は何cm³ですか。また、何Lですか。 1つ10〔30点〕

式

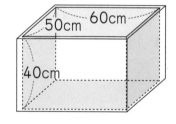

答え（　　　　　　、　　　　　）

3 小数のかけ算 (1)

時間 20分
得点 /100点

◆ 計算をしましょう。　　　　　　　　　　　　　　　　1つ5〔45点〕

① 3×5.8

② 9×1.61

③ 3.5×7.6

④ 2.7×0.74

⑤ 0.66×5.2

⑥ 8.07×20.1

⑦ 2.9×0.71

⑧ 70.1×0.13

⑨ 0.51×2.18

♥ 計算をしましょう。　　　　　　　　　　　　　　　　1つ5〔45点〕

⑩ 5×2.2

⑪ 40×5.05

⑫ 7.5×0.4

⑬ 12.5×0.8

⑭ 3.3×0.3

⑮ 1.09×0.2

⑯ 0.14×0.7

⑰ 1.8×0.5

⑱ 0.16×0.5

♠ 1mの重さが27.6gのはり金があります。このはり金7.3mの重さは何gですか。

1つ5〔10点〕

式

答え (　　　　　　　　　)

4 小数のかけ算 (2)

時間 20分　得点　/100点

◆ 計算をしましょう。　　　　　　　　　　　　　　　1つ5〔45点〕

① 20×4.3　　　② 12×0.97　　　③ 10.7×1.7

④ 4.2×85.7　　　⑤ 1.92×40.4　　　⑥ 1.01×9.9

⑦ 0.8×7.03　　　⑧ 0.66×0.66　　　⑨ 9.92×0.98

♥ 計算をしましょう。　　　　　　　　　　　　　　　1つ5〔45点〕

⑩ 62×0.35　　　⑪ 0.75×1.6　　　⑫ 3.52×2.5

⑬ 1.3×0.6　　　⑭ 5.3×0.12　　　⑮ 0.28×0.3

⑯ 0.9×0.45　　　⑰ 0.8×0.25　　　⑱ 0.02×0.5

♠ たて0.45m、横0.8mの長方形の面積を求めましょう。　　1つ5〔10点〕

式

答え (　　　　　　　　　)

5 小数のかけ算 (3)

時間 20分

得点

/100点

◆ 計算をしましょう。　　　　　　　　　　　　　　　　　　　　　1つ5〔45点〕

① 2.9×3.1　　　② 3.7×6.4　　　③ 4.4×0.86

④ 2.83×4.6　　　⑤ 4.51×8.5　　　⑥ 16.7×3.09

⑦ 2.06×4.03　　　⑧ 36×7.6　　　⑨ 617×3.4

♥ 計算をしましょう。　　　　　　　　　　　　　　　　　　　　　1つ5〔45点〕

⑩ 3.5×8.6　　　⑪ 4.25×5.4　　　⑫ 645×1.4

⑬ 50×4.06　　　⑭ 0.85×4.8　　　⑮ 0.26×1.6

⑯ 0.34×2.7　　　⑰ 0.3×2.6　　　⑱ 0.25×2.4

♠ まさとさんの身長は140cmで、お父さんの身長はその1.25倍です。お父さん
の身長は何cmですか。　　　　　　　　　　　　　　　　　　　1つ5〔10点〕

式

答え (　　　　　　　　　)

6 小数のわり算 (1)

時間 **20** 分

得点

/100点

◆ わりきれるまで計算しましょう。　　　　　　　　　　1つ5〔45点〕

① 2.88÷1.8　　　② 7.54÷2.6　　　③ 9.52÷2.8

④ 22.4÷6.4　　　⑤ 36.9÷4.5　　　⑥ 50.7÷7.8

⑦ 7.7÷5.5　　　⑧ 8.01÷4.45　　　⑨ 6.6÷2.64

♥ 計算をしましょう。　　　　　　　　　　　　　　　　1つ5〔45点〕

⑩ 40.2÷6.7　　　⑪ 42.4÷5.3　　　⑫ 65.8÷9.4

⑬ 53.2÷1.4　　　⑭ 75.4÷2.6　　　⑮ 94.5÷3.5

⑯ 81.6÷1.36　　　⑰ 68.7÷2.29　　　⑱ 81.5÷1.63

♠ 面積が36.75㎡、たての長さが7.5mの長方形の花だんの横の長さは何mですか。　　　　　　　　　　　　　　　　　　　　　　　　　1つ5〔10点〕

式

答え（　　　　　　　　）

7 小数のわり算 (2)

◆ わりきれるまで計算しましょう。　　　　　　　　　　　1つ5〔45点〕

① 6.08÷7.6　　　② 5.34÷8.9　　　③ 1.9÷2.5

④ 3.6÷4.8　　　⑤ 1.74÷2.4　　　⑥ 2.31÷8.4

⑦ 17÷6.8　　　⑧ 48÷7.5　　　⑨ 57÷7.6

♥ わりきれるまで計算しましょう。　　　　　　　　　　　1つ5〔45点〕

⑩ 5.1÷0.6　　　⑪ 3.6÷0.8　　　⑫ 14.5÷0.4

⑬ 9.2÷0.8　　　⑭ 2.85÷0.6　　　⑮ 2.66÷0.4

⑯ 0.98÷0.8　　　⑰ 8÷0.5　　　⑱ 6÷0.25

♠ 6.4mのパイプの重さは4.8kgでした。このパイプ1mの重さは何kgですか。

式　　　　　　　　　　　　　　　　　　　　　1つ5〔10点〕

答え (　　　　　　　　)

8　小数のわり算 (3)

時間 20分

得点

/100点

◆ 商は一の位まで求めて、あまりも出しましょう。　1つ5〔45点〕

① 16÷4.3

② 21÷3.6

③ 45÷2.4

④ 480÷8.5

⑤ 355÷7.9

⑥ 5.7÷2.6

⑦ 16.7÷8.5

⑧ 24.9÷6.8

⑨ 5.23÷3.6

♥ 商は四捨五入して、上から2けたのがい数で求めましょう。　1つ5〔45点〕

⑩ 8.7÷2.6

⑪ 9.3÷1.7

⑫ 7.13÷3.8

⑬ 6.46÷4.7

⑭ 23.4÷5.3

⑮ 7÷2.9

⑯ 9.06÷0.44

⑰ 2.23÷0.81

⑱ 7÷0.33

♠ たての長さが3.6m、面積が11.5m²の長方形の土地があります。この土地の横の長さは何mですか。四捨五入して、上から2けたのがい数で求めましょう。

式　　　　　　　　　　　　　　　　　　　1つ5〔10点〕

答え (　　　　　　　　)

9 小数のわり算 (4)

◆ わりきれるまで計算しましょう。　　　　　　　　　　　　　　　1つ5〔45点〕

① 73.6÷9.2　　　　② 1.52÷3.8　　　　③ 1.35÷0.15

④ 707÷1.4　　　　⑤ 1.11÷14.8　　　　⑥ 14.4÷0.32

⑦ 3.06÷6.12　　　　⑧ 29.83÷3.14　　　　⑨ 0.4÷1.28

♥ 商は一の位まで求めて、あまりも出しましょう。　　　　　　　　1つ5〔30点〕

⑩ 40÷9.56　　　　⑪ 9.31÷1.1　　　　⑫ 97.8÷3.32

⑬ 10÷9.29　　　　⑭ 2.3÷0.88　　　　⑮ 122.2÷0.61

♠ 商は四捨五入して、上から2けたのがい数で求めましょう。　　　1つ5〔15点〕

⑯ 50.5÷9.09　　　　⑰ 31.18÷0.7　　　　⑱ 88.7÷1.11

♣ 長さが4.21mのロープを33.3cmずつ切り取ります。33.3cmのロープは全部
で何本できて、何cmあまりますか。　　　　　　　　　　　　　　1つ5〔10点〕

式

答え（　　　　　　　　　　　　　　　　　　　）

10 整数の性質

時間 20分

得点

/100点

◆ 2、7、12、21、33、40、56、61のうち、次の数を全部書きましょう。

① 偶数（ぐうすう）　　　　　② 奇数（きすう）　　　　　③ 7の倍数　　　1つ6〔18点〕

（　　　　　　　　）（　　　　　　　　　　　）（　　　　　　　　）

♥ 次の数の倍数を、小さい順に3つ求めましょう。　　　　　　　　1つ6〔12点〕

④ 12　　　　　　　　　　　⑤ 15

（　　　　　　　　　　）（　　　　　　　　　　）

♠ （　）の中の数の公倍数を、小さい順に3つ求めましょう。　　　1つ6〔12点〕

⑥ （32、48）　　　　　　　　⑦ （26、52）

（　　　　　　　　　　）（　　　　　　　　　　）

♣ 次の数の約数を、全部求めましょう。　　　　　　　　　　　　　1つ6〔12点〕

⑧ 24　　　　　　　　　　　⑨ 49

（　　　　　　　　　　）（　　　　　　　　　　）

◆ （　）の中の数の公約数を、全部求めましょう。　　　　　　　　1つ6〔12点〕

⑩ （48、72）　　　　　　　　⑪ （65、91）

（　　　　　　　　　　）（　　　　　　　　　　）

♥ （　）の中の数の最小公倍数と最大公約数を求めましょう。　　　1つ7〔28点〕

⑫ （36、96）　　　　　　　　⑬ （34、51、85）

最小公倍数（　　　　）　　　　　　最小公倍数（　　　　）

最大公約数（　　　　）　　　　　　最大公約数（　　　　）

♠ たて10cm、横16cmの長方形のタイルをすきまなくならべて、できるだけ小さい正方形をつくります。できる正方形の1辺の長さは何cmですか。　〔6点〕

（　　　　　　　　　　）

11 図形の角

時間 **20**分

得点 /100点

◆ あ～うの角度は何度ですか。計算で求めましょう。　　　1つ6〔18点〕

①
あ
40°

②
20° い

③
60°
う 120°

(　　　　　)　　　(　　　　　)　　　(　　　　　)

♥ あ～かの角度は何度ですか。計算で求めましょう。　　　1つ6〔36点〕

④
75° あ
平行四辺形

⑤
40° い

⑥
う
45°

(　　　　　)　　　(　　　　　)　　　(　　　　　)

⑦
え
110°
55° 110°

⑧
お
54°

⑨
105°
45° 65°
か

(　　　　　)　　　(　　　　　)　　　(　　　　　)

♠ あ～うの角度は何度ですか。計算で求めましょう。　　　1つ6〔18点〕

⑩
あ

⑪
120° 130°
110°
100°

⑫
う
145°
75° 75°

(　　　　　)　　　(　　　　　)　　　(　　　　　)

♣ あ～えの角度は何度ですか。計算で求めましょう。　　　1つ7〔28点〕

⑬
あ
い
正三角形

⑭
う
え

あ (　　　　　)　　　　　　う (　　　　　)

い (　　　　　)　　　　　　え (　　　　　)

12 分数のたし算とひき算(1)

時間 20分

得点 /100点

◆ 計算をしましょう。

① $\dfrac{1}{4} + \dfrac{2}{3}$

② $\dfrac{1}{3} + \dfrac{1}{5}$

③ $\dfrac{1}{2} + \dfrac{2}{7}$

④ $\dfrac{3}{8} + \dfrac{1}{4}$

⑤ $\dfrac{4}{5} + \dfrac{2}{3}$

⑥ $\dfrac{2}{7} + \dfrac{3}{4}$

⑦ $\dfrac{3}{5} + \dfrac{7}{3}$

⑧ $\dfrac{5}{6} + \dfrac{2}{9}$

⑨ $\dfrac{7}{8} + \dfrac{5}{6}$

♥ 計算をしましょう。

⑩ $\dfrac{5}{7} - \dfrac{1}{2}$

⑪ $\dfrac{4}{5} - \dfrac{3}{4}$

⑫ $\dfrac{5}{6} - \dfrac{1}{7}$

⑬ $\dfrac{7}{8} - \dfrac{2}{5}$

⑭ $\dfrac{9}{10} - \dfrac{3}{4}$

⑮ $\dfrac{9}{7} - \dfrac{2}{3}$

⑯ $\dfrac{9}{8} - \dfrac{3}{4}$

⑰ $\dfrac{7}{3} - \dfrac{3}{7}$

⑱ $\dfrac{11}{10} - \dfrac{3}{8}$

♠ 容器に $\dfrac{8}{5}$ L のジュースが入っています。$\dfrac{4}{3}$ L 飲んだとき、残りのジュースは何 L ですか。

式

答え (　　　　　　　　　)

13 分数のたし算とひき算 (2)

時間 20分

◆ 計算をしましょう。　　　　　　　　　　　　　　　　　　　　　1つ5〔45点〕

① $\dfrac{2}{3}+\dfrac{1}{12}$　　　② $\dfrac{1}{5}+\dfrac{3}{10}$　　　③ $\dfrac{1}{6}+\dfrac{2}{15}$

④ $\dfrac{11}{20}+\dfrac{1}{4}$　　　⑤ $\dfrac{1}{15}+\dfrac{1}{12}$　　　⑥ $\dfrac{2}{3}+\dfrac{8}{15}$

⑦ $\dfrac{5}{6}+\dfrac{5}{14}$　　　⑧ $\dfrac{9}{10}+\dfrac{4}{15}$　　　⑨ $\dfrac{17}{12}+\dfrac{23}{20}$

♥ 計算をしましょう。　　　　　　　　　　　　　　　　　　　　　1つ5〔45点〕

⑩ $\dfrac{2}{3}-\dfrac{5}{12}$　　　⑪ $\dfrac{7}{10}-\dfrac{1}{6}$　　　⑫ $\dfrac{7}{10}-\dfrac{1}{5}$

⑬ $\dfrac{17}{15}-\dfrac{5}{6}$　　　⑭ $\dfrac{8}{3}-\dfrac{1}{6}$　　　⑮ $\dfrac{7}{15}-\dfrac{3}{10}$

⑯ $\dfrac{9}{14}-\dfrac{1}{6}$　　　⑰ $\dfrac{4}{3}-\dfrac{11}{15}$　　　⑱ $\dfrac{31}{6}-\dfrac{3}{10}$

♠ $\dfrac{2}{3}$ kgのかごに、$\dfrac{5}{6}$ kgの果物を入れました。重さは全部で何kgですか。1つ5〔10点〕

式

答え（　　　　　　　　　）

14 分数のたし算とひき算 (3)

◆ 計算をしましょう。　　　　　　　　　　　　　　　　　　　　1つ5〔45点〕

① $1\dfrac{2}{3}+\dfrac{1}{2}$　　　② $1\dfrac{1}{5}+\dfrac{2}{7}$　　　③ $\dfrac{3}{8}+2\dfrac{3}{4}$

④ $1\dfrac{5}{6}+\dfrac{3}{4}$　　　⑤ $3\dfrac{3}{8}+\dfrac{7}{10}$　　　⑥ $\dfrac{5}{6}+2\dfrac{2}{5}$

⑦ $2\dfrac{2}{5}+2\dfrac{1}{9}$　　　⑧ $1\dfrac{1}{6}+3\dfrac{1}{4}$　　　⑨ $1\dfrac{1}{6}+3\dfrac{3}{8}$

♥ 計算をしましょう。　　　　　　　　　　　　　　　　　　　　1つ5〔45点〕

⑩ $1\dfrac{2}{5}+\dfrac{1}{10}$　　　⑪ $2\dfrac{2}{3}+\dfrac{1}{12}$　　　⑫ $\dfrac{6}{7}+2\dfrac{9}{14}$

⑬ $1\dfrac{2}{5}+2\dfrac{3}{4}$　　　⑭ $3\dfrac{5}{6}+1\dfrac{2}{9}$　　　⑮ $1\dfrac{3}{10}+2\dfrac{1}{6}$

⑯ $1\dfrac{1}{10}+1\dfrac{1}{15}$　　　⑰ $2\dfrac{5}{6}+3\dfrac{2}{3}$　　　⑱ $2\dfrac{17}{21}+5\dfrac{5}{14}$

♠ 1日目は $1\dfrac{1}{6}$ L、2日目は $\dfrac{5}{14}$ L のペンキを使って、2日間でかべをぬりました。
ペンキは全部で何 L 使いましたか。　　　　　　　　　　　　1つ5〔10点〕

式

答え (　　　　　　　　　)

15 分数のたし算とひき算 (4)

時間 20分

得点

/100点

◆ 計算をしましょう。　　　　　　　　　　　　　　　　　　　　　1つ5〔45点〕

① $2\dfrac{5}{6}-\dfrac{2}{3}$

② $1\dfrac{8}{9}-\dfrac{3}{4}$

③ $2\dfrac{11}{12}-1\dfrac{3}{8}$

④ $5\dfrac{2}{3}-3\dfrac{1}{2}$

⑤ $3\dfrac{3}{4}-2\dfrac{3}{5}$

⑥ $2\dfrac{11}{14}-\dfrac{1}{2}$

⑦ $2\dfrac{7}{10}-2\dfrac{1}{5}$

⑧ $1\dfrac{7}{8}-1\dfrac{5}{6}$

⑨ $1\dfrac{7}{12}-1\dfrac{2}{15}$

♥ 計算をしましょう。　　　　　　　　　　　　　　　　　　　　　1つ5〔45点〕

⑩ $1\dfrac{1}{2}-\dfrac{4}{5}$

⑪ $1\dfrac{3}{8}-\dfrac{2}{3}$

⑫ $1\dfrac{1}{12}-\dfrac{5}{9}$

⑬ $3\dfrac{1}{6}-\dfrac{3}{14}$

⑭ $2\dfrac{1}{24}-\dfrac{5}{8}$

⑮ $1\dfrac{1}{10}-\dfrac{4}{15}$

⑯ $4\dfrac{3}{10}-3\dfrac{1}{2}$

⑰ $4\dfrac{1}{12}-1\dfrac{4}{21}$

⑱ $3\dfrac{1}{15}-2\dfrac{3}{20}$

♠ 米が $2\dfrac{5}{12}$ kg あります。$\dfrac{9}{20}$ kg 使うと、残りは何kgになりますか。　　1つ5〔10点〕

式

答え （　　　　　　　　）

16 分数のたし算とひき算 (5)

得点　/100点

◆ 計算をしましょう。　　　　　　　　　　　　　　　　　1つ7〔42点〕

① $\dfrac{1}{3}+\dfrac{1}{4}+\dfrac{1}{5}$

② $\dfrac{2}{5}+\dfrac{3}{10}+\dfrac{4}{15}$

③ $\dfrac{2}{5}+\dfrac{1}{3}+\dfrac{1}{2}$

④ $\dfrac{1}{6}+\dfrac{1}{2}+\dfrac{2}{9}$

⑤ $1\dfrac{1}{2}+1\dfrac{2}{3}+1\dfrac{1}{6}$

⑥ $\dfrac{5}{6}+1\dfrac{3}{8}+2\dfrac{5}{12}$

♥ 計算をしましょう。　　　　　　　　　　　　　　　　　1つ7〔42点〕

⑦ $\dfrac{1}{2}+\dfrac{1}{3}-\dfrac{1}{4}$

⑧ $\dfrac{4}{5}-\dfrac{3}{4}+\dfrac{1}{8}$

⑨ $\dfrac{2}{3}-\dfrac{2}{5}-\dfrac{1}{6}$

⑩ $\dfrac{1}{3}-\dfrac{2}{9}-\dfrac{1}{12}$

⑪ $1\dfrac{3}{10}-\dfrac{2}{5}-\dfrac{1}{2}$

⑫ $4\dfrac{1}{7}-\dfrac{4}{5}-2\dfrac{4}{35}$

♠ ドレッシングが $\dfrac{4}{5}$ dL ありました。昨日と今日2日続けてドレッシングを $\dfrac{3}{20}$ dL
ずつ使いました。残ったドレッシングは何 dL ですか。　　　　1つ8〔16点〕

式

答え (　　　　　　　　)

得点

/100点

◆ 次の分数を小数や整数になおしましょう。　　　　　　　　　　　　　1つ5〔30点〕

① $\dfrac{3}{4}$

② $\dfrac{11}{10}$

③ $\dfrac{7}{8}$

(　　　　　　)　　　(　　　　　　)　　　(　　　　　　)

④ $\dfrac{95}{5}$

⑤ $\dfrac{23}{20}$

⑥ $3\dfrac{1}{25}$

(　　　　　　)　　　(　　　　　　)　　　(　　　　　　)

♥ 次の小数を分数になおしましょう。　　　　　　　　　　　　　　　1つ5〔30点〕

⑦ 0.2

⑧ 1.3

⑨ 2.75

(　　　　　　)　　　(　　　　　　)　　　(　　　　　　)

⑩ 3.2

⑪ 1.05

⑫ 0.025

(　　　　　　)　　　(　　　　　　)　　　(　　　　　　)

♠ 分数で答えましょう。　　　　　　　　　　　　　　　　　　　　　1つ6〔12点〕

⑬ 2mは、3mの何倍ですか。

⑭ 9kgを1とみると、84kgはいくつになりますか。

(　　　　　　)　　　　　　　　　(　　　　　　)

♣ □にあてはまる不等号を書きましょう。　　　　　　　　　　　　　1つ7〔28点〕

⑮ 0.79 □ $\dfrac{4}{5}$

⑯ $\dfrac{2}{3}$ □ 0.66

⑰ 1.13 □ $\dfrac{9}{8}$

⑱ $3\dfrac{5}{9}$ □ 3.6

18 平 均

得点

/100点

◆ 次の量の平均を求めましょう。　　　　　　　　　　　　1つ7〔42点〕

① 30人、40人、50人

② 102mL、105mL、90mL、97mL

（　　　　　　　　）　　　　　　　　　　（　　　　　　　　）

③ 33g、48g、26g、88g、29g

④ 5cm²、4.7cm²、3.8cm²、0cm²、5.3cm²

（　　　　　　　　）　　　　　　　　　　（　　　　　　　　）

⑤ 9.8m、9.6m、8.9m、9.8m、8.2m

⑥ 50分、45分、60分、75分

（　　　　　　　　）　　　　　　　　　　（　　　　　　　　）

♥ 下の表の空らんにあてはまる数を書きましょう。　　　　1つ7〔14点〕

⑦ 欠席者の人数

曜日	月	火	水	木	金	平均
人数（人）	3	1	0		5	2.2

⑧ めがねをかけている人の人数

組	A	B	C	D	E	平均
人数（人）	8	7		8	9	9

♠ 25個のたまごのうち、3個の重さの平均が58.5gのとき、次の量を求めましょう。

1つ8〔16点〕

⑨ これら3個のたまごの合計の重さ

⑩ 25個のたまご全体のおよその重さ

（　　　　　　　　）　　　　　　　　　　（　　　　　　　　）

♣ 次の問いに答えましょう。　　　　　　　　　　　　　　1つ7〔28点〕

⑪ 1日に平均1.1Lの水を飲むとき、2週間で飲む水の量は、およそ何Lになりますか。

式

答え（　　　　　　　　）

⑫ 1日に平均で1.2km走るとき、走ったきょりの合計が30kmになるには、およそ何日かかりますか。

式

答え（　　　　　　　　）

19 単位量あたりの大きさ

◆ 次の単位量あたりの大きさを求めましょう。　　　　　　　　　　1つ7〔42点〕

・10m²の部屋の中に5人いるときの、

① 1m²あたりの人数　　　　　　　② 1人あたりの広さ

（　　　　　　　　　）　　　　　　　（　　　　　　　　　）

・ガソリン40Lで500km走る自動車の、

③ ガソリン1Lあたりに走る道のり　　④ 1kmあたりに必要なガソリンの量

（　　　　　　　　　）　　　　　　　（　　　　　　　　　）

・50mあたりの重さが1600gのはり金の、

⑤ 1mあたりの重さ　　　　　　　　⑥ 1kgあたりの長さ

（　　　　　　　　　）　　　　　　　（　　　　　　　　　）

♥ 1mあたりのねだんが125円のテープについて、次の長さや代金を求めましょう。

⑦ 4.2mの代金　　　　　　　　　⑧ 10.6mの代金　　　　1つ7〔28点〕

（　　　　　　　　　）　　　　　　　（　　　　　　　　　）

⑨ 500円分の長さ　　　　　　　　⑩ 1200円分の長さ

（　　　　　　　　　）　　　　　　　（　　　　　　　　　）

♠ 下の表を見て、A市、B市、C市の人口密度を、四捨五入して上から2けたのがい数で求めましょう。　　　　　　　　　　1つ10〔30点〕

都市の面積と人口

	面積（km²）	人口（万人）
A市	1004	201
B市	560	144
C市	332	159

⑪ A市（　　　　　　　　　）

⑫ B市（　　　　　　　　　）

⑬ C市（　　　　　　　　　）

20 速さ(1)

◆ 次の速さを、〔 〕の中の単位で求めましょう。　1つ8〔24点〕

❶ 150mを30秒で走る人の秒速〔m〕

（　　　　　　　　　）

❷ 180kmを2時間で走る列車の時速〔km〕

（　　　　　　　　　）

❸ 2000mを25分間で歩く人の分速〔m〕

（　　　　　　　　　）

♥ 次の道のりを、〔 〕の中の単位で求めましょう。　1つ8〔24点〕

❹ 時速54kmで走る自動車が45分間に進む道のり〔km〕

（　　　　　　　　　）

❺ 秒速15mで走る動物が5分間に進む道のり〔m〕

（　　　　　　　　　）

❻ 分速75mで歩く人が2時間に進む道のり〔km〕

（　　　　　　　　　）

♠ 次の時間を、〔 〕の中の単位で求めましょう。　1つ8〔24点〕

❼ 分速0.8kmで走る自動車が120km進むのにかかる時間〔時間〕

（　　　　　　　　　）

❽ 秒速20mで飛ぶ鳥が30km飛ぶのにかかる時間〔分〕

（　　　　　　　　　）

❾ 時速18kmで走る自転車が36km進むのにかかる時間〔分〕

（　　　　　　　　　）

♣ 右の表の空らんにあてはまる数を書きましょう。

1つ3〔18点〕

	秒速	分速	時速
自転車	5m		
電車		1.2km	
飛行機			540km

◆ なみさんは40分間に3km歩きました。12分間では何m歩きますか。　1つ5〔10点〕

式

答え（　　　　　　　　　）

21 速さ (2)

時間 20分

得点

/100点

◆ 次の速さを、〔 〕の中の単位で求めましょう。　　　　　　　　　1つ8〔24点〕

① 150km を 2.5時間で走る自動車の時速〔km〕

（　　　　　　　　）

② 0.9km を 5分間で進む自転車の分速〔m〕

（　　　　　　　　）

③ 192m を 16秒間で走る馬の秒速〔m〕

（　　　　　　　　）

♥ 次の道のりを、〔 〕の中の単位で求めましょう。　　　　　　　　1つ8〔24点〕

④ 分速500mのバイクが18分間に進む道のり〔km〕

（　　　　　　　　）

⑤ 秒速20mで飛ぶ鳥が40秒間に進む道のり〔m〕

（　　　　　　　　）

⑥ 時速36kmで走るバスが15分間に進む道のり〔m〕

（　　　　　　　　）

♠ 次の時間を、〔 〕の中の単位で求めましょう。　　　　　　　　1つ8〔24点〕

⑦ 時速4.5kmで歩く人が9000m進むのにかかる時間〔時間〕

（　　　　　　　　）

⑧ 分速180mで走る人が10.8km進むのにかかる時間〔分〕

（　　　　　　　　）

⑨ 秒速55mで飛ぶ鳥が6050m飛ぶのにかかる時間〔時間〕

（　　　　　　　　）

♣ 右の表の空らんにあてはまる数を書きましょう。

1つ3〔18点〕

	秒速	分速	時速
はと			72km
つばめ	65m		
飛行機		18km	

◆ 家からA町まで自動車で往復しました。行きは時速48kmで走り、36分後にA町に着きました。帰りは行きの速さの1.5倍で走るとき、帰りには何分かかりますか。

式　　　　　　　　　　　　　　　　　　　　　　　　　　1つ5〔10点〕

答え（　　　　　　　　）

22 四角形と三角形の面積 (1)

◆ 次の平行四辺形の面積を求めましょう。　　　　　　　　　　1つ8〔32点〕

❶ 3cm
6cm

❷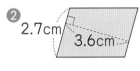
2.7cm
3.6cm

❸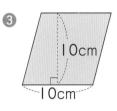
10cm
10cm

❹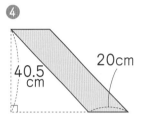
40.5cm
20cm

(　　　　　　)　(　　　　　　)　(　　　　　　)　(　　　　　　)

♥ 次の三角形の面積を求めましょう。　　　　　　　　　　1つ8〔32点〕

❺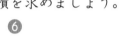
5cm
3cm

❻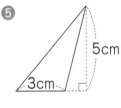
9.6cm
6.9cm
4.6cm

❼
38cm
22cm
10cm

❽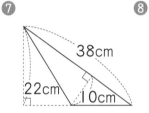
5.5cm
4.4cm

(　　　　　　)　(　　　　　　)　(　　　　　　)　(　　　　　　)

♠ 次の底辺がわかっている平行四辺形と三角形の高さを求めましょう。　1つ9〔36点〕

❾
54cm²
9cm

❿
24cm²
8cm

(　　　　　　)　　　　　　　(　　　　　　)

⓫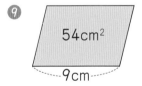
30cm
900cm²

⓬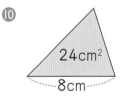
18cm
302.4cm²

(　　　　　　)　　　　　　　(　　　　　　)

23 四角形と三角形の面積 (2)

時間 20分

得点

/100点

◆ 次の台形の面積を求めましょう。

1つ8〔32点〕

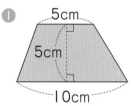
❶ 5cm / 5cm / 10cm

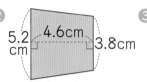
❷ 5.2cm / 4.6cm / 3.8cm

❸ 5.8cm / 5cm / 4cm / 1.8cm

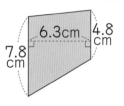
❹ 6.3cm / 4.8cm / 7.8cm

(　　　　　)　(　　　　　)　(　　　　　)　(　　　　　)

♥ 次のひし形の面積を求めましょう。

1つ8〔32点〕

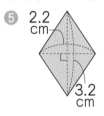
❺ 2.2cm / 3.2cm

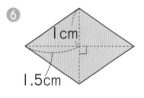
❻ 1cm / 1.5cm

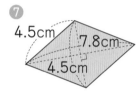
❼ 4.5cm / 7.8cm / 4.5cm

❽ 5.2cm / 5.2cm

(　　　　　)　(　　　　　)　(　　　　　)　(　　　　　)

♠ 色をぬった部分の面積を求めましょう。

1つ9〔36点〕

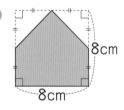
❾ 8cm / 8cm

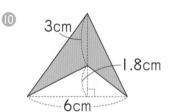
❿ 3cm / 1.8cm / 6cm

(　　　　　)　　　　　　　　(　　　　　)

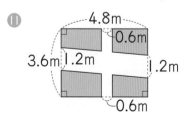
⓫ 4.8m / 0.6m / 3.6m / 1.2m / 1.2m / 0.6m

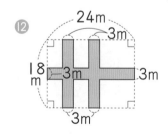
⓬ 24m / 3m / 18m / 3m / 3m / 3m

(　　　　　)　　　　　　　　(　　　　　)

24

24 割合と百分率 (1)

得点

時間 20分

/100点

◆ 下の表の空らんにあてはまる割合を書きましょう。　　　1つ4〔40点〕

割合を表す小数	0.7	③	0.45	⑦	⑨
百分率	①	20%	⑤	⑧	91%
歩合	②	④	⑥	8割	⑩

♥ □にあてはまる数を書きましょう。　　　1つ6〔48点〕

⑪ 1.62gは、9gの □ %です。

⑫ 125㎡の □ 割 □ 分は、105㎡です。

⑬ 3.8Lの38%は □ Lです。

⑭ □ kmは27kmの44%です。

⑮ 1500人の14%は □ 人です。

⑯ 3900円は □ 円の5割2分です。

⑰ □ cm³の33%は198cm³です。

⑱ 46万さつは □ 万さつの92%です。

♠ 定価が65000円のテレビを、定価の4割引きで買いました。何円で買いましたか。

式　　　　　　　　　　　　　　　　1つ6〔12点〕

答え（　　　　　　　　　）

25 割合と百分率 (2)

得点

/100点

◆ 下の表の空らんにあてはまる割合を書きましょう。　　　　1つ4〔40点〕

割合を表す小数	0.14	❸	0.109	❼	❾
百分率	❶	2.7%	❺	❽	100%
歩合	❷	❹	❻	8割5厘	❿

♥ □にあてはまる数を書きましょう。　　　　1つ6〔48点〕

⓫ 2 ha は、16 ha の [　　　] %です。

⓬ 63.95 g の [　　　] 割 は、76.74 g です。

⓭ 15.06 mL の 25％は [　　　] mL です。

⓮ 34 m の 70.5％は [　　　] m です。

⓯ 500人の101％は [　　　] 人です。

⓰ 30600円は [　　　] 円の25％ です。

⓱ [　　　] m³ の130％は78 m³ です。

⓲ 54万本は [　　　] 万本の9％です。

♠ 面積が25 m² の畑の面積を12％広げて、新しい畑をつくります。新しい畑全体の面積を求めましょう。　　　　1つ6〔12点〕

式

答え (　　　　　　　　　)

26 円周の長さ

◆　次の円の、円周の長さを求めましょう。　　　　　　　1つ7〔14点〕

① 直径20cmの円　　　　　　　② 半径0.6mの円

（　　　　　　　）　　　　　　　　（　　　　　　　）

♥　次の長さを求めましょう。　　　　　　　　　　　　1つ7〔14点〕

③ 円周が37.68cmの円の直径　　④ 円周が62.8mの円の半径

（　　　　　　　）　　　　　　　　（　　　　　　　）

♠　次の形のまわりの長さを求めましょう。　　　　　　1つ9〔18点〕

⑤ 直径13cmの円の半分　　　　　⑥ 半径7.5mの円の $\frac{1}{4}$

（　　　　　　　）　　　　　　　　（　　　　　　　）

♣　色をぬった部分のまわりの長さを求めましょう。　　1つ9〔54点〕

⑦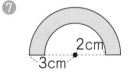

（　　　　　　　）

⑧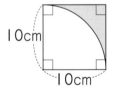

（　　　　　　　）

⑨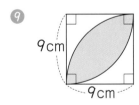

（　　　　　　　）

⑩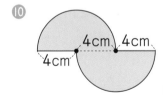

（　　　　　　　）

⑪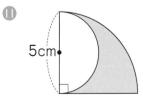

（　　　　　　　）

⑫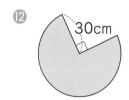

（　　　　　　　）

27 5年のまとめ(1)

時間 20分

得点

/100点

◆ 計算をしましょう。わり算は、わりきれるまで計算しましょう。　　　　　1つ4〔36点〕

① 0.6×0.4　　　　② 1.5×0.6　　　　③ 8.65×2.4

④ 0.9×1.35　　　　⑤ 20.8×0.05　　　　⑥ 17÷3.4

⑦ 0.4÷0.8　　　　⑧ 8.4÷1.2　　　　⑨ 0.25÷0.04

♥ 商は一の位まで求めて、あまりも出しましょう。　　　　　1つ5〔15点〕

⑩ 38.5÷6.5　　　　⑪ 41.4÷2.2　　　　⑫ 3.2÷0.28

♠ 商は四捨五入して、上から2けたのがい数で求めましょう。　　　　　1つ5〔15点〕

⑬ 6.7÷1.4　　　　⑭ 7.64÷1.1　　　　⑮ 36.5÷6.7

♣ □にあてはまる数を書きましょう。　　　　　1つ6〔24点〕

⑯ 2.8Lは、8Lの □ %です。　　　⑰ 1600円の135%は □ 円です。

⑱ □ m²の65%は182m²です。　　　⑲ 63kgは □ kgの75%です。

◆ ある店では、シャツが定価の2割引きの1480円で売っていました。シャツの定価はいくらですか。　　　　　1つ5〔10点〕

式

答え（　　　　　　　）

得点

/100点

28 5年のまとめ (2)

◆ 計算をしましょう。　　　　　　　　　　　　　　　　　　　　　　　1つ6〔36点〕

① $\dfrac{1}{3}+\dfrac{1}{6}$　　　　② $\dfrac{7}{6}+\dfrac{11}{10}$　　　　③ $\dfrac{7}{12}+1\dfrac{1}{4}$

④ $\dfrac{3}{4}-\dfrac{7}{12}$　　　　⑤ $\dfrac{11}{6}-\dfrac{17}{15}$　　　　⑥ $1\dfrac{2}{3}-\dfrac{8}{9}$

♥ 次の道のり、時間を、〔 〕の中の単位で求めましょう。　　　　　1つ8〔16点〕

⑦ 秒速72mで走る新幹線が12.5秒間に進む道のり〔m〕

（　　　　　　　　　）

⑧ 時速4.5kmで歩く人が5400m進むのにかかる時間〔分〕

（　　　　　　　　　）

♠ 色をぬった部分の面積を求めましょう。　　　　　　　　　　　　　1つ8〔32点〕

⑨ 7cm / 8cm / 11cm

（　　　　　　　　　）

⑩ 10cm / 6cm

（　　　　　　　　　）

⑪ 6cm / 2cm / 4cm / 8cm

（　　　　　　　　　）

⑫ 4.8cm / 4.2cm / 2.1cm / 6.3cm

（　　　　　　　　　）

♣ コーヒーを $1\dfrac{1}{5}$ L、牛にゅうを $\dfrac{2}{15}$ L 混ぜてコーヒー牛にゅうをつくり、$\dfrac{3}{5}$ L 飲みました。コーヒー牛にゅうは何L残っていますか。　　　　　　1つ8〔16点〕

式

答え（　　　　　　　　　）

答え

1
① 364 cm³　② 184.8 cm³
③ 8000000 cm³ ④ 152 cm³
⑤ 200 cm³　⑥ 80 cm³
⑦ 8 cm³、8 mL
⑧ 192 cm³、192 mL
⑨ 250000 cm³、250 L
5 cm
式 25×10×1.2=300
　　　　　答え 300 m³、300000 L

2
① 120 cm³　② 512 cm³
③ 94 cm³　④ 260 cm³
⑤ 270 cm³　⑥ 1350 cm³
3840 cm³
式 50×60×15=45000
　　　　　答え 45000 cm³、45 L

3
① 17.4　② 14.49　③ 26.6
④ 1.998　⑤ 3.432　⑥ 162.207
⑦ 2.059　⑧ 9.113　⑨ 1.1118
⑩ 11　⑪ 202　⑫ 3
⑬ 10　⑭ 0.99　⑮ 0.218
⑯ 0.098　⑰ 0.9　⑱ 0.08
式 27.6×7.3=201.48
　　　　　　　　答え 201.48 g

4
① 86　② 11.64　③ 18.19
④ 359.94 ⑤ 77.568 ⑥ 9.999
⑦ 5.624　⑧ 0.4356 ⑨ 9.7216
⑩ 21.7　⑪ 1.2　⑫ 8.8
⑬ 0.78　⑭ 0.636　⑮ 0.084
⑯ 0.405　⑰ 0.2　⑱ 0.01
式 0.45×0.8=0.36　答え 0.36 m²

5
① 8.99　② 23.68　③ 3.784
④ 13.018 ⑤ 38.335 ⑥ 51.603
⑦ 8.3018 ⑧ 273.6　⑨ 2097.8
⑩ 30.1　⑪ 22.95　⑫ 903
⑬ 203　⑭ 4.08　⑮ 0.416
⑯ 0.918　⑰ 0.78　⑱ 0.6
式 140×1.25=175　答え 175 cm

6
① 1.6　② 2.9　③ 3.4
④ 3.5　⑤ 8.2　⑥ 6.5
⑦ 1.4　⑧ 1.8　⑨ 2.5
⑩ 6　⑪ 8　⑫ 7
⑬ 38　⑭ 29　⑮ 27
⑯ 60　⑰ 30　⑱ 50
式 36.75÷7.5=4.9　　答え 4.9 m

7
① 0.8　② 0.6　③ 0.76
④ 0.75　⑤ 0.725　⑥ 0.275
⑦ 2.5　⑧ 6.4　⑨ 7.5
⑩ 8.5　⑪ 4.5　⑫ 36.25
⑬ 11.5　⑭ 4.75　⑮ 6.65
⑯ 1.225　⑰ 16　⑱ 24
式 4.8÷6.4=0.75　　答え 0.75 kg

8
① 3 あまり 3.1　② 5 あまり 3
③ 18 あまり 1.8　④ 56 あまり 4
⑤ 44 あまり 7.4　⑥ 2 あまり 0.5
⑦ 1 あまり 8.2　⑧ 3 あまり 4.5
⑨ 1 あまり 1.63　⑩ 3.3
⑪ 5.5　⑫ 1.9　⑬ 1.4
⑭ 4.4　⑮ 2.4　⑯ 21
⑰ 2.8　⑱ 21
式 11.5÷3.6=3.19…　答え 約 3.2 m

9
① 8　② 0.4　③ 9
④ 505　⑤ 0.075　⑥ 45
⑦ 0.5　⑧ 9.5　⑨ 0.3125
⑩ 4 あまり 1.76　⑪ 8 あまり 0.51
⑫ 29 あまり 1.52　⑬ 1 あまり 0.71
⑭ 2 あまり 0.54　⑮ 200 あまり 0.2
⑯ 5.6　⑰ 45　⑱ 80
式 421÷33.3=12 あまり 21.4
　　　答え 12 本できて 21.4 cm あまる。

10
① 2、12、40、56 ② 7、21、33、61
③ 7、21、56　④ 12、24、36
⑤ 15、30、45　⑥ 96、192、288
⑦ 52、104、156
⑧ 1、2、3、4、6、8、12、24
⑨ 1、7、49
⑩ 1、2、3、4、6、8、12、24
⑪ 1、13　⑫ 288、12 ⑬ 510、17
80 cm

30

⑪
① 50° ② 140° ③ 60°
④ 105° ⑤ 140° ⑥ 135°
⑦ 85° ⑧ 54° ⑨ 95°
⑩ 135° ⑪ 80° ⑫ 25°
⑬ あ30° ⓘ60°
⑭ う72° え72°

⑫
① $\frac{11}{12}$ ② $\frac{8}{15}$ ③ $\frac{11}{14}$
④ $\frac{5}{8}$ ⑤ $\frac{22}{15}\left(1\frac{7}{15}\right)$ ⑥ $\frac{29}{28}\left(1\frac{1}{28}\right)$
⑦ $\frac{44}{15}\left(2\frac{14}{15}\right)$ ⑧ $\frac{19}{18}\left(1\frac{1}{18}\right)$ ⑨ $\frac{41}{24}\left(1\frac{17}{24}\right)$
⑩ $\frac{3}{14}$ ⑪ $\frac{1}{20}$ ⑫ $\frac{29}{42}$
⑬ $\frac{19}{40}$ ⑭ $\frac{3}{20}$ ⑮ $\frac{13}{21}$
⑯ $\frac{3}{8}$ ⑰ $\frac{40}{21}\left(1\frac{19}{21}\right)$ ⑱ $\frac{29}{40}$
式 $\frac{8}{5}-\frac{4}{3}=\frac{4}{15}$　答え $\frac{4}{15}$ L

⑬
① $\frac{3}{4}$ ② $\frac{1}{2}$ ③ $\frac{3}{10}$ ④ $\frac{4}{5}$
⑤ $\frac{3}{20}$ ⑥ $\frac{6}{5}\left(1\frac{1}{5}\right)$ ⑦ $\frac{25}{21}\left(1\frac{4}{21}\right)$
⑧ $\frac{7}{6}\left(1\frac{1}{6}\right)$ ⑨ $\frac{77}{30}\left(2\frac{17}{30}\right)$ ⑩ $\frac{1}{4}$
⑪ $\frac{8}{15}$ ⑫ $\frac{1}{2}$ ⑬ $\frac{3}{10}$ ⑭ $\frac{5}{2}\left(2\frac{1}{2}\right)$
⑮ $\frac{1}{6}$ ⑯ $\frac{10}{21}$ ⑰ $\frac{3}{5}$ ⑱ $\frac{73}{15}\left(4\frac{13}{15}\right)$
式 $\frac{2}{3}+\frac{5}{6}=\frac{3}{2}$　答え $\frac{3}{2}\left(1\frac{1}{2}\right)$ kg

⑭
① $2\frac{1}{6}\left(\frac{13}{6}\right)$ ② $1\frac{17}{35}\left(\frac{52}{35}\right)$ ③ $3\frac{1}{8}\left(\frac{25}{8}\right)$
④ $2\frac{7}{12}\left(\frac{31}{12}\right)$ ⑤ $4\frac{3}{40}\left(\frac{163}{40}\right)$ ⑥ $3\frac{7}{30}\left(\frac{97}{30}\right)$
⑦ $4\frac{23}{45}\left(\frac{203}{45}\right)$ ⑧ $4\frac{5}{12}\left(\frac{53}{12}\right)$ ⑨ $4\frac{13}{24}\left(\frac{109}{24}\right)$
⑩ $1\frac{1}{2}\left(\frac{3}{2}\right)$ ⑪ $2\frac{3}{4}\left(\frac{11}{4}\right)$ ⑫ $3\frac{1}{2}\left(\frac{7}{2}\right)$
⑬ $4\frac{3}{20}\left(\frac{83}{20}\right)$ ⑭ $5\frac{1}{18}\left(\frac{91}{18}\right)$ ⑮ $3\frac{7}{15}\left(\frac{52}{15}\right)$
⑯ $2\frac{1}{6}\left(\frac{13}{6}\right)$ ⑰ $6\frac{1}{2}\left(\frac{13}{2}\right)$ ⑱ $8\frac{1}{6}\left(\frac{49}{6}\right)$
式 $1\frac{1}{6}+\frac{5}{14}=1\frac{11}{21}$　答え $1\frac{11}{21}\left(\frac{32}{21}\right)$ L

⑮
① $2\frac{1}{6}\left(\frac{13}{6}\right)$ ② $1\frac{5}{36}\left(\frac{41}{36}\right)$ ③ $1\frac{13}{24}\left(\frac{37}{24}\right)$
④ $2\frac{1}{6}\left(\frac{13}{6}\right)$ ⑤ $1\frac{3}{20}\left(\frac{23}{20}\right)$ ⑥ $2\frac{2}{7}\left(\frac{16}{7}\right)$

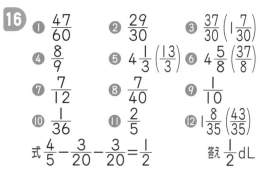

⑦ $\frac{1}{2}$ ⑧ $\frac{1}{24}$ ⑨ $\frac{9}{20}$
⑩ $\frac{7}{10}$ ⑪ $\frac{17}{24}$ ⑫ $\frac{19}{36}$
⑬ $2\frac{20}{21}\left(\frac{62}{21}\right)$ ⑭ $1\frac{5}{12}\left(\frac{17}{12}\right)$ ⑮ $\frac{5}{6}$
⑯ $\frac{4}{5}$ ⑰ $2\frac{25}{28}\left(\frac{81}{28}\right)$ ⑱ $\frac{11}{12}$
式 $2\frac{5}{12}-\frac{9}{20}=1\frac{29}{30}$　答え $1\frac{29}{30}\left(\frac{59}{30}\right)$ kg

⑯
① $\frac{47}{60}$ ② $\frac{29}{30}$ ③ $\frac{37}{30}\left(1\frac{7}{30}\right)$
④ $\frac{8}{9}$ ⑤ $4\frac{1}{3}\left(\frac{13}{3}\right)$ ⑥ $4\frac{5}{8}\left(\frac{37}{8}\right)$
⑦ $\frac{7}{12}$ ⑧ $\frac{7}{40}$ ⑨ $\frac{1}{10}$
⑩ $\frac{1}{36}$ ⑪ $\frac{2}{5}$ ⑫ $1\frac{8}{35}\left(\frac{43}{35}\right)$
式 $\frac{4}{5}-\frac{3}{20}-\frac{3}{20}=\frac{1}{2}$　答え $\frac{1}{2}$ dL

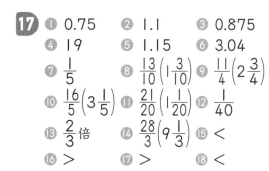

⑰
① 0.75 ② 1.1 ③ 0.875
④ 19 ⑤ 1.15 ⑥ 3.04
⑦ $\frac{1}{5}$ ⑧ $\frac{13}{10}\left(1\frac{3}{10}\right)$ ⑨ $\frac{11}{4}\left(2\frac{3}{4}\right)$
⑩ $\frac{16}{5}\left(3\frac{1}{5}\right)$ ⑪ $\frac{21}{20}\left(1\frac{1}{20}\right)$ ⑫ $\frac{1}{40}$
⑬ $\frac{2}{3}$ 倍 ⑭ $\frac{28}{3}\left(9\frac{1}{3}\right)$ ⑮ <
⑯ > ⑰ > ⑱ <

⑱
① 40人 ② 98.5 mL ③ 44.8 g
④ 3.76 cm² ⑤ 9.26 m ⑥ 57.5 分
⑦ 2 ⑧ 13 ⑨ 175.5 g
⑩ 約1462.5 g
⑪ 式 1.1×14＝15.4　答え 約15.4 L
⑫ 式 30÷1.2＝25　答え 約25 日

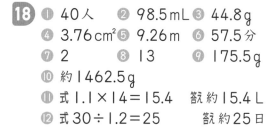

⑲
① 0.5 人 ② 2 ㎡ ③ 12.5 km
④ 0.08 L ⑤ 32 g ⑥ 31.25 m
⑦ 525 円 ⑧ 1325 円 ⑨ 4 m
⑩ 9.6 m ⑪ 約2000 人
⑫ 約2600 人 ⑬ 約4800 人

⑳
① 秒速5 m ② 時速90 km
③ 分速80 m ④ 40.5 km
⑤ 4500 m ⑥ 9 km
⑦ 2.5 時間 ⑧ 25 分 ⑨ 120 分

	秒速	分速	時速
自転車	5m	0.3km	18km
電車	20m	1.2km	72km
飛行機	150m	9km	540km

式 3000÷40＝75　75×12＝900

答え 900m

21 ❶ 時速60km　❷ 分速180m
❸ 秒速12m　❹ 9km
❺ 800m　❻ 9000m
❼ 2時間　❽ 60分　❾ $\frac{11}{360}$ 時間

	秒速	分速	時速
はと	20m	1.2km	72km
つばめ	65m	3.9km	234km
飛行機	300m	18km	1080km

式 48÷60＝0.8　0.8×36＝28.8
　　0.8×1.5＝1.2　28.8÷1.2＝24

答え 24分

22 ❶ 18cm²　❷ 9.72cm²　❸ 100cm²
❹ 810cm²　❺ 7.5cm²　❻ 33.12cm²
❼ 190cm²　❽ 12.1cm²　❾ 6cm
❿ 6cm　⓫ 30cm　⓬ 33.6cm

23 ❶ 37.5cm²　❷ 20.7cm²　❸ 15.2cm²
❹ 39.69cm²　❺ 3.52cm²　❻ 3cm²
❼ 17.55cm²　❽ 54.08cm²　❾ 48cm²
❿ 9cm²　⓫ 10.08m²　⓬ 162m²

24 ❶ 70%　❷ 7割　❸ 0.2
❹ 2割　❺ 45%　❻ 4割5分
❼ 0.8　❽ 80%　❾ 0.91
❿ 9割1分　⓫ 18　⓬ 8、4
⓭ 1.444　⓮ 11.88　⓯ 210
⓰ 7500　⓱ 600　⓲ 50
式 65000×0.4＝26000
　　65000−26000＝39000
　　または、1−0.4＝0.6
　　65000×0.6＝39000

答え 39000円

25 ❶ 14%　❷ 1割4分　❸ 0.027
❹ 2分7厘　❺ 10.9%　❻ 1割9厘
❼ 0.805　❽ 80.5%　❾ 1
❿ 10割　⓫ 12.5　⓬ 12
⓭ 3.765　⓮ 23.97　⓯ 505
⓰ 122400　⓱ 60　⓲ 600
式 25×0.12＝3　25＋3＝28
　　または
　　1＋0.12＝1.12　25×1.12＝28

答え 28m²

26 ❶ 62.8cm　❷ 3.768m
❸ 12cm　❹ 10m
❺ 33.41cm　❻ 26.775m
❼ 17.7cm　❽ 35.7cm
❾ 28.26cm　❿ 33.12cm
⓫ 20.7cm　⓬ 201.3cm

27 ❶ 0.24　❷ 0.9　❸ 20.76
❹ 1.215　❺ 1.04　❻ 5
❼ 0.5　❽ 7　❾ 6.25
❿ 5あまり6　⓫ 18あまり1.8
⓬ 11あまり0.12　⓭ 4.8
⓮ 6.9　⓯ 5.4　⓰ 35
⓱ 2160　⓲ 280　⓳ 84
式 1−0.2＝0.8　1480÷0.8＝1850

答え 1850円

28 ❶ $\frac{1}{2}$　❷ $\frac{34}{15}$ $\left(2\frac{4}{15}\right)$　❸ $1\frac{5}{6}$ $\left(\frac{11}{6}\right)$
❹ $\frac{1}{6}$　❺ $\frac{7}{10}$　❻ $\frac{7}{9}$
❼ 900m　❽ 72分
❾ 72cm²　❿ 30cm²
⓫ 36cm²　⓬ 11.655cm²
式 $1\frac{1}{5}+\frac{2}{15}-\frac{3}{5}=\frac{11}{15}$　答え $\frac{11}{15}$L

「小学教科書ワーク・
数と計算」で、
さらに練習しよう！

わくわくシール

★学習が終わったら、ページの上に好きなふせんシールをはろう。
がんばったページやあとで見直したいページなどにはってもいいよ。
★実力判定テストが終わったら、まんてんシールをはろう。

ふせんシール

倍数と約数

倍　数…ある整数を整数倍してできる数
（3に整数をかけてできる数は3の倍数）

公倍数…いくつかの整数に共通な倍数

最小公倍数…公倍数のうち、いちばん小さい数

約　数…ある整数をわりきることができる整数
（8をわりきることのできる整数は8の約数）

公約数…いくつかの整数に共通な約数

最大公約数…公約数のうち、いちばん大きい数

| 4の倍数 | 4 | 8 | 12 | 16 | 20 | 24 | 28 | 32 | 36 | … |
| 6の倍数 | 6 | 12 | 18 | 24 | 30 | 36 | 42 | 48 | 54 | … |

| 18の約数 | 1 | 2 | 3 | 6 | 9 | 18 | | |
| 24の約数 | 1 | 2 | 3 | 4 | 6 | 8 | 12 | 24 |

4の倍数　　**6の倍数**

4　8
16　20
28　32　…

12　24
36　…

6　18
30　42　…

4と6の公倍数

18の約数　　**24の約数**

9　18

1　2
3　6

4　8
12　24

18と24の公約数

4と6の公倍数は、12、24、36、…
（4と6の公倍数は、いくらでもあります。）

4と6の最小公倍数は、12

18と24の公約数は、1、2、3、6

18と24の最大公約数は、6

公倍数は最小公倍数の倍数になっているね！

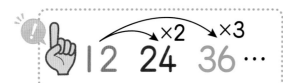
12　24　36　…
（×2　×3）

公約数は最大公約数の約数になっているよ！

1とその数自身は必ず約数になります。

面積の求め方

教科書ワーク

平行四辺形の面積＝底辺×高さ

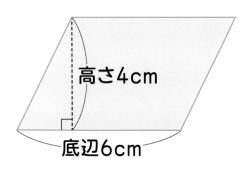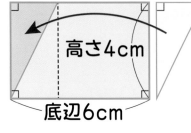

高さ4cm
底辺6cm

高さ4cm
底辺6cm

$6×4＝24（cm^2）$

右の三角形を左に移動すると、長方形になります。

三角形の面積＝底辺×高さ÷2

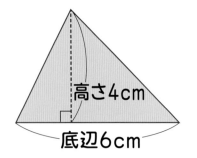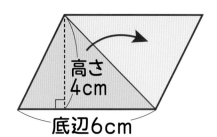

高さ4cm
底辺6cm

高さ4cm
底辺6cm

$6×4÷2＝12（cm^2）$

三角形を2つ合わせると、平行四辺形になります。

台形の面積＝（上底＋下底）×高さ÷2

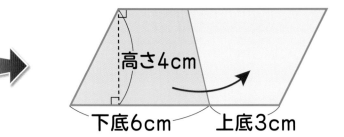

上底3cm
高さ4cm
下底6cm

高さ4cm
下底6cm　上底3cm

$（3＋6）×4÷2＝18（cm^2）$

台形を2つ合わせると、平行四辺形になります。

ひし形の面積＝対角線×対角線÷2

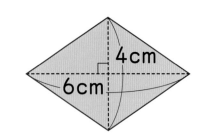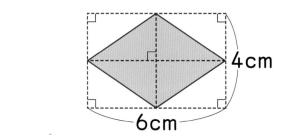

4cm
6cm

4cm
6cm

$4×6÷2＝12（cm^2）$

ひし形をおおう長方形の面積の半分になります。

面積の求め方のくふう① （全体からひいて考える）

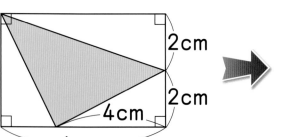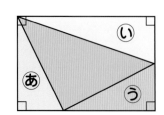

2cm
2cm
4cm
6cm

（い）
（あ）
（う）

長方形全体の面積から、あ、い、うの三角形の面積をひけばいいね。

$4×6－（\underset{（あ）}{2×4÷2}＋\underset{（い）}{6×2÷2}＋\underset{（う）}{4×2÷2}）＝10（cm^2）$

面積の求め方のくふう② （はしによせて考える）

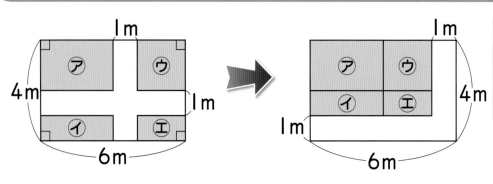

1m
1m
4m
ア　ウ
1m
イ　エ
6m

1m
4m
ア　ウ
イ　エ
1m
6m

白の部分をはしによせると、1つの長方形になるよ。

$（4－1）×（6－1）＝15（m^2）$

教科書ワーク もくじ

大日本図書版 算数5年

  コードを読みとって、下の番号の動画を見てみよう。

① **整数と小数**

基本のワーク

学習の目標・
小数や整数の表し方の
しくみについて考えよ
う！

基本 1 小数点の移動のしかたがわかりますか。

☆ 37.6 の 10 倍、100 倍、$\frac{1}{10}$、$\frac{1}{100}$ の数を書きましょう。

とき方 小数も整数と同じように、10 倍するごとに位が □ つ

ずつ上がり、$\frac{1}{10}$ にするごとに位が □ つずつ下がります。

　整数も小数も、10 倍、100 倍すると、小数点はそれぞれ

□ へ 1 けた、□ けた移動し、$\frac{1}{10}$、$\frac{1}{100}$ にすると、小数点

はそれぞれ □ へ 1 けた、□ けた移動します。

たいせつ
12.3 の $\frac{1}{10}$ の数
$12.3 \div 10 = 1.23$
12.3 の $\frac{1}{100}$ の数
$12.3 \div 100 = 0.123$

答え 10 倍… □ 、100 倍… □ 、$\frac{1}{10}$… □ 、$\frac{1}{100}$… □

1 次の数を書きましょう。
教科書 18ページ 1

❶ 4.57 の 10 倍の数 （　　　　　）

❷ 0.63 の 100 倍の数 （　　　　　）

❸ 9.48 の $\frac{1}{10}$ の数 （　　　　　）

❹ 82.5 の $\frac{1}{100}$ の数 （　　　　　）

❺ $29.4 \div 10$ （　　　　　）

❻ $17.9 \div 100$ （　　　　　）

基本 2 数字の組み合わせから小数をつくることができますか。

☆ 1、3、6、8、9 の 5 個の数字を右の □ にあてはめて、一番大きい小数と一番小さい
小数をつくりましょう。それぞれの数字は、
1 回だけ使えます。

□ □ □ . □ □

とき方 数の大きい順に、上の位から数字をあてはめていくと、一番大きい小数ができます。
数の小さい順に、上の位から数字をあてはめていくと、一番小さい小数ができます。

答え 一番大きい小数… □
　　　　一番小さい小数… □

2 1、4、6、7、9 の 5 個の数字を右の □ にあてはめて、一番大きい小数をつくりましょう。
それぞれの数字は、1 回だけ使えます。 教科書 19ページ 2

□ □ . □ □ □

ポイント 整数と小数は同じしくみでできています。

まとめのテスト

時間 20分

得点 /100点

1 下の表は 3.28 を 10 倍、100 倍したときや、$\frac{1}{10}$、$\frac{1}{100}$ にしたときの小数点の移動の

しかたを表にしたものです。（　）にあてはまる数を書きましょう。　　　1つ5〔25点〕

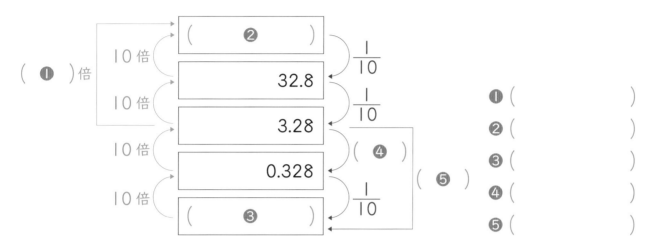

(●)倍

10 倍
10 倍
10 倍
10 倍

(❷)
32.8
3.28
0.328
(❸)

$\frac{1}{10}$
$\frac{1}{10}$
(❹)
$\frac{1}{10}$

(❺)

● (　　　　)
❷ (　　　　)
❸ (　　　　)
❹ (　　　　)
❺ (　　　　)

2 よく出る　次の数を書きましょう。　　　1つ5〔45点〕

① 14.62 の $\frac{1}{10}$ の数　　　② 48.9 の $\frac{1}{100}$ の数　　　③ 2.7 の 100 倍の数

(　　　　)　　　　　(　　　　)　　　　　(　　　　)

④ 602 の $\frac{1}{1000}$ の数　　　⑤ 854.2÷1000　　　⑥ 7.263 の 1000 倍の数

(　　　　)　　　　　(　　　　)　　　　　(　　　　)

⑦ 0.05 の 10 倍の数　　　⑧ 3.15÷10　　　⑨ 0.297 の 100 倍の数

(　　　　)　　　　　(　　　　)　　　　　(　　　　)

3 次の数の㋐の数字が表す大きさは、㋑の数字が表す大きさの何倍ですか。　　　1つ5〔10点〕

① 88.8　　　　　　　　　　② 1.111
　↑　↑　　　(　　　　)　　　↑　　↑　　　(　　　　)
　㋐　㋑　　　　　　　　　　㋐　　㋑

4 □にあてはまる数を書きましょう。　　　1つ5〔20点〕

① 6935=□×6+□×9+□×3+1×□

② 41.23=□×4+□×1+□×2+□×3

③ □=1×8+0.1×0+0.01×6+0.001×3

④ 0.782=□×7+□×8+□×2

□小数を 10 倍、100 倍、$\frac{1}{10}$、$\frac{1}{100}$ にした数を求めることができたかな？

① 三角形、四角形の角

基本のワーク

教科書 24〜31ページ ｜ 答え 1ページ

基本 1 三角形の3つの角の大きさの和がわかりますか。

⭐ 右の➊の角の大きさは何度ですか。

45° 60°

とき方 三角形の3つの角の大きさの
和は180°だから、
➊+45°+60°=180°
➊=180°−(45°+ ⬜ °)
　=⬜ °

答え ⬜ °

🐟たいせつ
どんな三角形でも、3つの角の大きさの
和は180°です。

三角形の3つの角の大きさの和の調べ方
《１》 形も大きさも同じ3つの三角形をしきつめる。

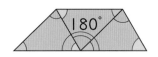
180°

《２》 切って、3つの角をならべる。

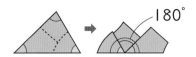
180°

《３》 点線で折って、3つの角を集める。

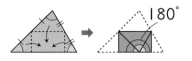
180°

---

1 次の➊〜➌の角の大きさは何度ですか。

📖 教科書 26ページ 1

❶
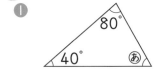
80°
40° ➊

式

答え（　　　　　）

❷
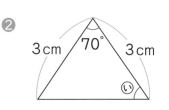
3cm 70° 3cm
➋

式

答え（　　　　　）

❸
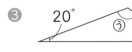
20°
➌ 35°

式

答え（　　　　　）

❹

40°
65° ➍

式

答え（　　　　　）

4

さんすうはかせ 三角形や四角形のとなり合った辺がつくる内側の角を
<ruby>内角<rt>ないかく</rt></ruby>というんだよ。

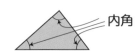内角

☆ 右の⑰の角の大きさは何度ですか。

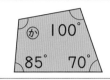

とき方　四角形の 4 つの角の大きさの和は 360°だから、

⑰＋85°＋70°＋100°＝360°

⑰＝360°−(85°＋□°＋□°)

　＝□°

答え □°

たいせつ

どんな四角形でも、4 つの角の大きさの和は 360°です。

四角形の 4 つの角の大きさの和を使えば、⑰の角の大きさを求められるね。

四角形の 4 つの角の大きさの和は、四角形を三角形に分けて考えます。

《1》　2 つの三角形の角の和と同じ。

180°×2＝360°

《2》　4 つの三角形の角の和から、この 360°をひく。

180°×4−360°
＝360°

《3》　4 つの三角形の角の和から、この 360°をひく。

180°×4−360°
＝360°

2　次の⑰〜⑦の角の大きさは何度ですか。

📖教科書 30ページ 3

❶

式

答え (　　　　　　)

❷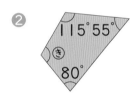

式

答え (　　　　　　)

❸

式

答え (　　　　　　)

❹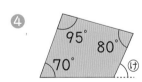

式

答え (　　　　　　)

 ポイント　三角形の 3 つの角の大きさの和は 180°です。
四角形の 4 つの角の大きさの和は 360°です。

5

② 多角形の角
③ しきつめ

基本のワーク

教科書 32〜35ページ 　答え 1ページ

基本 1 多角形の角の大きさの和を求めることができますか。

☆ 五角形の 5 つの角の大きさの和と、六角形の 6 つの角の大きさの和は、それぞれ何度ですか。

とき方 いくつかの三角形に分けて求めます。

五角形は、左の図のように □ つの三角形に分けられるから、5 つの角の大きさの和は、180°× □ ＝ □ °

六角形は、左の図のように □ つの三角形に分けられるから、6 つの角の大きさの和は、180°× □ ＝ □ °

答え 五角形… □ °、六角形… □ °

たいせつ
5 本の直線で囲まれた図形を**五角形**、6 本の直線で囲まれた図形を**六角形**といいます。三角形、四角形、五角形、……のように、直線で囲まれた図形を**多角形**といいます。

1 右の図の多角形について答えましょう。

① 何という多角形ですか。

A

(　　　　　)

② 頂点 A から、何本の対角線がひけますか。

(　　　　　)

③ 頂点 A からひいた対角線で、いくつの三角形に分けられますか。

(　　　　　)

④ この多角形の角の大きさの和は何度ですか。

(　　　　　)

2 八角形の 8 つの角の大きさの和は何度ですか。 教科書 32ページ 1

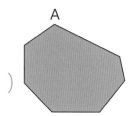

(　　　　　)

多角形の対角線の数は、頂点の数×(頂点の数－3)÷2 で求められるよ。

☆ 下の四角形を右のようにしきつめていきます。

①、②の位置にくる角は、ア～エの角のうちのどれですか。

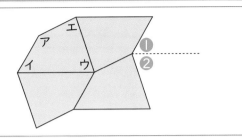

とき方 しきつめるときは、同じ長さの辺が重なり、１つの点に四角形の４つの角が全て集まります。

右の図のＡとＢについて考えると、同じ長さの辺が重なることから、ＡＢはエウかウエのどちらかで、１つの点に４つの角が集まることから、Ｂは ☐ とわかります。

すると、角のならびから、Ｃは ☐ となります。

以下、同じように考えて、①は ☐ 、②は ☐ となります。

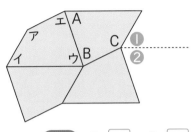

答え ① ☐ ② ☐

③ 右の三角形をしきつめていくとき、④の位置にくる角はア～ウの角のうちのどれですか。 📖教科書 35ページ 1

(   )

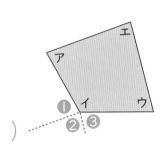

④ 右の四角形をしきつめていくとき、②の位置にくる角はア～エの角のうちのどれですか。 📖教科書 35ページ 1

(   )

⑤ 下の四角形を６つしきつめた図をかきましょう。 📖教科書 35ページ 1

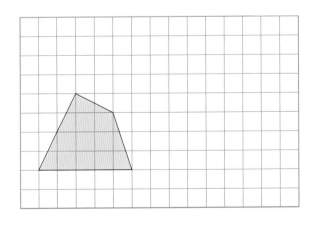

同じ長さの辺を重ねよう。

ポイント 多角形の角の大きさの和は、三角形の３つの角の大きさの和が180°であることを使って、計算で求めます。その多角形がいくつの三角形に分けられるかを考えます。

練習のワーク

できた数

/10問中

1 三角形の角　次のあ〜えの角の大きさは何度ですか。

①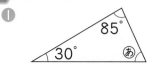

②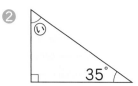

（　　　　　）　　　　　（　　　　　）

③

④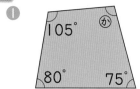

（　　　　　）　　　　　（　　　　　）

2 四角形の角　次のか〜けの角の大きさは何度ですか。

①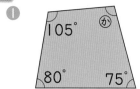

②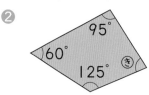

（　　　　　）　　　　　（　　　　　）

③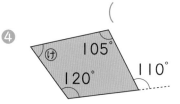

④

（　　　　　）　　　　　（　　　　　）

3 多角形の角　右の図の九角形について答えましょう。

① 頂点Aからひいた対角線で、いくつの三角形に分けられますか。

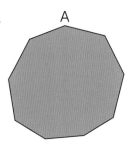

（　　　　　）

② 九角形の9つの角の大きさの和は何度ですか。

（　　　　　）

てびき

1 三角形の角

たいせつ　どんな三角形でも、3つの角の大きさの和は180°です。

さんこう　下の図で、すの角の大きさは、さの角と①の角の大きさの和と等しくなります。

2 四角形の角

たいせつ　どんな四角形でも、4つの角の大きさの和は360°です。

ヒント　④ はじめに110°の角ととなり合う角の大きさを求めましょう。

3 多角形の角

ヒント　多角形の角の大きさの和は、多角形をいくつかの三角形に分けて考えましょう。

できるナビ　□角形は、1つの頂点からひいた対角線で（□−2）個の三角形に分けられるよ。たとえば、二十五角形は、25−2＝23（個）の三角形に分けられるんだ。

まとめのテスト

教科書　24〜37ページ　答え　2ページ

1 よく出る　次のあ〜かの角の大きさは何度ですか。

1つ10〔60点〕

①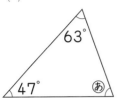

（　　　　　　　　）

②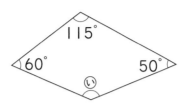

（　　　　　　　　）

③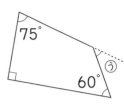

（　　　　　　　　）

④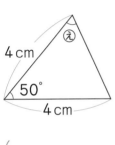

（　　　　　　　　）

⑤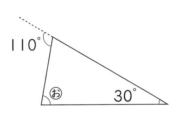

（　　　　　　　　）

⑥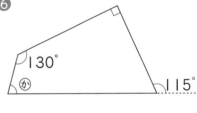

（　　　　　　　　）

2 次の図は、六角形の角の大きさの和の求め方を説明したものです。図と合う式を下のあ〜え の中から選びましょう。

1つ8〔24点〕

①

（　　　　　　　　）

②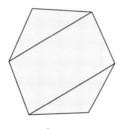

（　　　　　　　　）

③

（　　　　　　　　）

あ　180°×4　　　　　い　360°×2
う　180°×2＋360°　　え　180°×6−360°

3 右の図の十角形について答えましょう。

1つ8〔16点〕

① 点Aから全ての頂点に直線をひくと、いくつの三角形に分けられ ますか。

（　　　　　　　　）

② 十角形の10個の角の大きさの和は何度ですか。

（　　　　　　　　）

□ 三角形の角の大きさを求めることができたかな？
□ 四角形の角の大きさを求めることができたかな？

ふろくの「計算練習ノート」12ページをやろう！

3 ともなって変わる2つの量を調べよう　■2つの量の変わり方

学習の目標・
ともなって変わる2つの量の関係がわかるようになろう！

① 2つの量の変わり方

基本のワーク

教科書　40〜42ページ　答え　2ページ

基本 1 ともなって変わる2つの量の関係がわかりますか。

☆ 1個20gのおもりがあります。おもりの個数と重さの合計の関係を、次の表にまとめました。おもりの個数○個と、重さの合計△gには、どんな関係があるといえますか。

おもりの個数　○(個)	1	2	3	4	5	6	7	8
重さの合計　　△(g)	20	40	60	80	100	120	140	160

とき方　おもりの個数○個が2倍、3倍、4倍、……になると、それにともなって、重さの合計も2倍、□倍、□倍、……になります。

答え　重さの合計△gは、おもりの個数○個に□する。

たいせつ

2つの量○と△があって、○が2倍、3倍、4倍、……になると、それにともなって、△も2倍、3倍、4倍、……になるとき、△は○に比例するといいます。

1 正三角形の1辺の長さ○cmとまわりの長さ△cmの関係を調べます。　📖教科書 40ページ 1

❶　表のあいているらんに、あてはまる数を書きましょう。

1辺の長さ　○(cm)	1	2	3	4	5	6
まわりの長さ△(cm)	3					

❷　まわりの長さ△cmは、1辺の長さ○cmに比例していますか。

(　　　　　　　　)

❸　1辺の長さ○cmと、まわりの長さ△cmの関係を式に表しましょう。

(　　　　　　　　)

2 1個のねだんが50円のガムがあります。　📖教科書 42ページ 2

❶　ガムの個数を○個、代金を△円として、表に表します。表のあいているらんに、あてはまる数を書きましょう。

個数○(個)	1	2	3	4	5	6
代金△(円)	50					

❷　ガムの個数○個と代金△円は比例していますか。

(　　　　　　　　)

❸　❶の表を、数直線図に表します。□にあてはまる数を書きましょう。

代金
0　50　□　□　□　□　□　(円)
個数
0　1　2　3　4　5　6　(個)

ポイント　△が○に比例するとき、○が□倍になると、△も□倍になります。

まとめのテスト

時間 **20** 分

得点 /100点

教科書 40〜42ページ　答え 2ページ

1 よく出る 水そうに水を入れる時間○分と水のかさ△L の関係を調べます。　1つ10〔40点〕

① 表のあいているらんに、あてはまる数を書きましょう。

時間　○（分）	1	2	3	4	5	6	
水のかさ△（L）	2						

② 水のかさ△L は、水を入れる時間○分に比例していますか。

（　　　　　　　　）

③ 水を入れる時間○分と、水のかさ△L の関係を式に表しましょう。

（　　　　　　　　）

④ 水のかさが 28L になるのは、水を入れはじめてから何分後ですか。

（　　　　　　　　）

2 1m のねだんが 70円のリボンがあります。　1つ10〔30点〕

① リボンの長さを○m、代金を△円として、表に表します。表のあいているらんに、あてはまる数を書きましょう。

長さ○（m）	1	2	3	4	5	6	
代金△（円）	70						

② リボンの長さ○m と代金△円は比例していますか。

（　　　　　　　　）

③ ①の表を、数直線図に表します。□にあてはまる数を書きましょう。

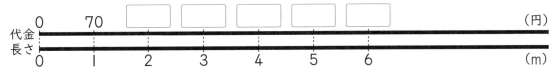

④ 代金
長さ

3 あるチョコレートを 7個買ったときの代金は 420円です。このチョコレート 1個のねだんを求めます。　1つ10〔30点〕

① 数直線図の□にあてはまる数を書きましょう。

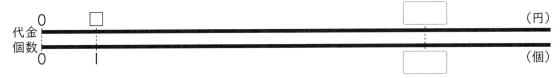

代金
個数

② チョコレート 1個のねだんを、式を立てて求めましょう。

式

答え（　　　　　　　　）

チェック ☑
□ 2つの量が比例しているかどうかがわかったかな？
□ ○と△の関係を式に表すことができたかな？

11

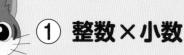

① 整数×小数

基本のワーク

教科書 43〜48ページ 答え 2ページ

基本 1 整数に小数をかける計算の意味や計算のしかたがわかりますか。

☆ 1mのねだんが40円のひもを1.7m買います。代金はいくらですか。

とき方 ひもの長さが小数で表されていても、その代金を求めるには、整数のときと同じようにかけ算を使います。 40×1.7

《1》 0.1mの代金…40÷ ☐

1.7mの代金…0.1mの代金の ☐ 倍だから、

40×1.7=40÷10× ☐

= ☐

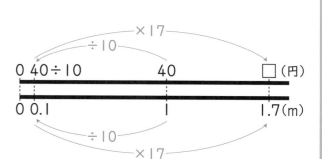

整数の計算になおすんだね。

《2》 17mの代金…40×17

1.7mの代金…17mの代金の ☐/10 だから、

40×1.7=40×17÷ ☐

= ☐

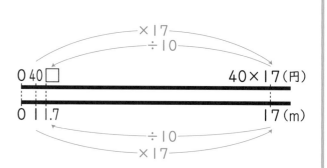

たいせつ
整数×小数は、かける数の小数を整数になおして計算します。

答え ☐ 円

1 次の問題に答えましょう。

📖 教科書 43ページ**1**

❶ 1mのねだんが50円のリボンを2.3m買うと、リボンの代金はいくらですか。
式

答え（   ）

❷ 1mのねだんが90円の布を3.5m買うと、布の代金はいくらですか。
式

答え（   ）

 小数の歴史は、ヨーロッパよりも中国やインドのほうが古いといわれているよ。

☆ 1m のねだんが 20 円のひもを 0.7m 買うと、ひもの代金はいくらですか。

とき方 ひもの長さが 1 より小さい小数で表され
ていても、その代金は、かけ算を使って求める
ことができます。

$$20 \times 0.7 = 20 \times \boxed{} \div 10$$
$$= \boxed{} \div 10$$
$$= \boxed{}$$

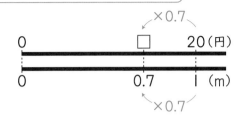

ちゅうい

かける数が 1 より小さいとき、答えはもとの数より小さくなります。

答え $\boxed{}$ 円

2 1m のねだんが 130 円のリボンを 0.6m 買うと、リボンの代金はいくらですか。

式

📖 教科書 47ページ **2**

答え (　　　　　　　)

☆ 1m の重さが 14kg の鉄のぼうがあります。この鉄のぼう 2.8m の重さは何kg ですか。

とき方 $14 \times 2.8 = 14 \times \boxed{} \div 10 = \boxed{} \div 10 = \boxed{}$

$\boxed{1}$　小数を整数として計算する。
$\boxed{2}$　積の小数点を左に 1 けた移す。

```
    1 4
  × 2 8
  1 1 2
  2 8
  3 9 2
```

答え $\boxed{}$ kg

3 次の計算を筆算でしましょう。

📖 教科書 48ページ **3**

❶ 23×2.9　　　　❷ 24×0.6　　　　❸ 17×1.3

❹ 39×0.8　　　　❺ 6×4.5　　　　❻ 8×3.7

ポイント　小数をかけるとき、かける数の小数を整数になおして計算し、あとで小数点をうちます。

② 小数×小数

教科書 49〜50ページ　答え 3ページ

 1 小数に小数をかける計算の意味や計算のしかたがわかりますか。

☆ 1mの重さが 1.3kg のぼうがあります。このぼう 2.7m の重さは何kg ですか。

とき方

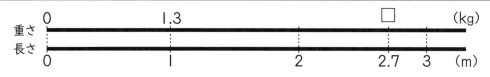

小数×小数は、かけられる数とかける数の両方を整数になおして計算します。

《1》
$1.3 \times 2.7 = 13 \times 27 \div 100$
$ = \boxed{} \div 100$
$ = \boxed{}$

《2》

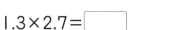
```
    1.3  ── 10倍する ──→    1 3
  × 2.7  ── 10倍する ──→  × 2 7
  ┌──┬──┐                  9 1
  └──┴──┘                  2 6
 ┌──┬──┐                 ─────
 └──┴──┘                  3 5 1
 ┌──────┐ ←── 1/100 ──
 └──────┘
```

 整数の計算に
なおせばいいね。

$1.3 \times 2.7 = \boxed{}$

答え  kg

1 次の計算を筆算でしましょう。

教科書 49ページ 1

① 3.6×4.2　　② 4.7×8.5　　③ 3.9×1.6

④ 2.6×1.3　　⑤ 3.1×2.9　　⑥ 6.4×7.6

⑦ 9.3×0.5　　⑧ 6.1×0.4　　⑨ 7.4×0.8

さんすうはかせ　現在使われている小数の表し方は、16〜17世紀ごろの数学者、シモン・ステヴィンやジョン・ネイピアが完成させたといわれているよ。

 **2** 小数×小数の筆算のしかたがわかりますか。

☆ 3.57 × 2.6 の計算をしましょう。

とき方 　①　小数を整数として計算します。
　②　積の小数点をかけられる数とかける数の小
　　数点の右にあるけた数の和だけ、右から数え
　　てうち、積を小数になおします。

 小数点の右にあるけた数

たいせつ
小数点がないものとして計算して、あとで
小数点をうって答えます。

答え ☐

2 次の計算を筆算でしましょう。　📖 教科書 50ページ **2**

① 4.38 × 3.2　② 5.6 × 1.23　③ 0.7 × 6.09　④ 3.42 × 2.18

3 積に 0 があるかけ算の筆算ができますか。

☆ 計算をしましょう。
① 3.16 × 2.75　　　② 0.4 × 0.2

とき方

① 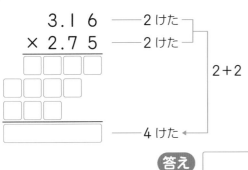　小数点の右にあるけた数

② 　小数点の右にあるけた数

答え ☐

ちゅうい
小数のかけ算では、0 を消したり、一の位に
0 をつけたしたりして答えることがあります。

3 次の計算を筆算でしましょう。　📖 教科書 50ページ **3**

① 7.25 × 4.8　② 8.4 × 2.5　③ 6.2 × 0.95　④ 3.5 × 4.6

⑤ 0.6 × 0.3　⑥ 0.72 × 0.5　⑦ 0.09 × 0.34　⑧ 0.07 × 0.08

 **ポイント**　小数のかけ算では、積の小数点より右のけた数は、かけられる数とかける数の小数点より右のけた数
の和と同じになります。

15

④ 小数をかける計算を考えよう　■小数のかけ算

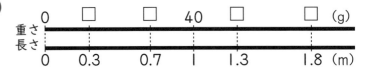

③　積の大きさ　④　面積の公式と小数
⑤　計算のきまり

基本のワーク

教科書　52～54ページ　　答え　3ページ

学習の目標・
かけられる数、かける数、積の大きさの関係がわかるようになろう！

基本 ① かける数と積の大きさの関係がわかりますか。

☆　1mの重さが40gのロープを右のような長さに切りました。
① それぞれのロープの重さを求めましょう。
② 答えが40より小さくなるのはどのようなときですか。

ロープの長さ
あ…1.8m
い…1.3m
う…1m
え…0.7m
お…0.3m

とき方

```
重さ  0    □    □   40    □        □   (g)
長さ  0   0.3  0.7   1   1.3      1.8 (m)
```

① あ…40×1.8＝[　　]（g）
　い…40×1.3＝[　　]（g）
　え…40×0.7＝[　　]（g）
　お…40×0.3＝[　　]（g）

答え　あ…[　　]g
　　　い…[　　]g
　　　え…[　　]g
　　　お…[　　]g

② それぞれの重さを1mの重さ40gと比べると、

[かけられる数] [かける数]

あ…40　×　1.8[　]40
い…40　×　1.3[　]40　　　1より[　　　]数を
う…40　×　1　＝40　➡　かけると、答えは40
え…40　×　0.7[　]40　　　より小さくなります。
お…40　×　0.3[　]40

たいせつ
・かける数＞1のときは、
　積＞かけられる数
・かける数＝1のときは、
　積＝かけられる数
・かける数＜1のときは、
　積＜かけられる数

答え [　　　　　　　　　　　　　]

① 積がかけられる数より小さくなるものを全て選びましょう。また、そのわけを説明しましょう。
📖教科書 52ページ 1

あ　30×2.9　　い　4.58×0.3　　う　0.2×1.04　　え　0.7×0.9

（　　　　　　　）

わけ（　　　　　　　　　　　　　　）

② 積が、ある数●より小さくなるか等しくなるものを全て選びましょう。ただし、●は0でない数とします。
📖教科書 52ページ 2

か　●×1　　　き　●×8.1　　　く　●×0.8　　　け　●×1.08

（　　　　　　　）

 日本やアメリカでは小数点を「.」と表すけれど、フランスやドイツでは「,」が使われているよ。たとえば3.14は3,14と書くよ。

☆ たて 2.1cm、横 3.3cm の長方形の面積は、何cm² ですか。

とき方

《1》 この長方形には、1辺が 1mm の正方形が全部
で 21×33＝□ (個)あります。

　1辺が 1mm の正方形が 100 個で 1cm² なので、
この長方形の面積は、

□÷100＝□ (cm²)

《2》 長方形の面積＝たて×横

□×□＝□ (cm²)

答え □ cm²

たいせつ
長方形や正方形の辺の長さが小数で表されていても、面積を求める公式が使えます。

3 右の長方形の面積を求めましょう。 📖教科書 53ページ 1

式

答え (　　　　　)

1.8cm

4.5cm

4 1辺が 0.4m の正方形の面積は、何m² ですか。 📖教科書 53ページ 1

式

答え (　　　　　)

☆ くふうして計算しましょう。
❶ 1.7×4×2.5　　　　　❷ 5.1×3.8＋5.1×6.2

とき方 小数のかけ算でも、計算のきまりが成り立ちます。
❶ 1.7×4×2.5＝1.7×(4×2.5)＝1.7×□＝□ 答え □
❷ 5.1×3.8＋5.1×6.2＝□×(□＋6.2)
　　　＝□×□＝□ 答え □

5 くふうして計算しましょう。 📖教科書 54ページ 1
❶ 4.3×1.25×8　　　　　❷ 0.25×7.9×4

❸ 3.6×5.1＋2.4×5.1　　　　　❹ 6.18×4.2＋3.82×4.2

ポイント 計算をくふうするときは、どの計算のきまりを使うと計算がかんたんになるかを考えましょう。

練習のワーク①

できた数

/13問中

| 教科書 | 43～56ページ | 答え | 3ページ |

1 小数×小数 計算のまちがいを見つけて、正しく計算しましょう。

①
```
   1 3.6
 ×   2.4
   5 4 4
 2 7 2
 3 2 6.4
```

②
```
    0.9 5
 × 0.6 2
    1 9 0
  5 7 0
 0.0 5 8 9 0
```

2 整数×小数、小数×小数 計算をしましょう。

① 27×0.3

② 140×0.8

③ 3.9×4.6

④ 7.2×0.9

⑤ 5.16×1.07

⑥ 30.8×0.24

⑦ 0.85×0.5

⑧ 0.36×0.25

3 積の大きさ □にあてはまる不等号を書きましょう。

① 4.3×1.2 □ 4.3

② 5.2 □ 5.2×0.8

4 小数×小数の文章題 1Lのガソリンで18.4km走る自動車があります。この自動車は7.5Lのガソリンで何km走ることができますか。

式

答え（　　　　　　　　）

てびき

1 2 小数をかける筆算

🐟 **たいせつ**

積の小数点は、かけられる数とかける数の小数点の右にあるけた数の和だけ、右から数えてうちます。

小数点をうつ位置に注意しよう。

🐱 **ちゅうい**

小数点より右にある一番下の位が0のときは消します。

3 積の大きさ

🐟 **たいせつ**

かけ算では、1より小さい数をかけると、積はかけられる数より小さくなります。

 できるナビ 小数をかける計算では、積の小数点の位置に気をつけよう。

できた数

/13問中

練習のワーク❷

教科書 43〜56ページ 答え 4ページ

1 積の求め方 □にあてはまる数を書きましょう。

① $38 \times 2.4 = (38 \times 24) \div \boxed{}$

② $1.7 \times 5.6 = 17 \times 56 \div \boxed{}$

2 整数×小数、小数×小数 計算をしましょう。

① 13×1.9

② 50×0.8

③ 4.6×2.7

④ 0.2×0.04

⑤ 3.08×2.51

⑥ 7.95×0.6

3 計算のきまり くふうして計算しましょう。

① $4 \times 6.9 \times 2.5$

② $0.8 \times 3.4 + 0.8 \times 2.6$

③ $3.14 \times 8 \times 1.25$

④ $1.35 \times 2.3 + 1.65 \times 2.3$

4 面積の公式と小数 右の長方形の面積は何 m² ですか。

式

1.2 m

51 cm

答え ( )

てびき

1 積の求め方

ヒント

小数のかけ算の積は、整数のかけ算の積をもとにして考えます。

①は 2.4 を 10 倍して 24 にしているから…。

3 計算のきまり

さんこう

$2.5 \times 4 = 10$
$1.25 \times 8 = 10$
などを覚えておきましょう。

4 面積の公式と小数

ちゅうい

単位をmになおしてから計算します。

整数のかけ算のときに成り立った計算のきまりは、小数のかけ算でも成り立つよ。
○×□＋△×□の形で表された式では、□にあたる数に目をつけてくふうしよう。

まとめのテスト❶

時間 20分

得点 /100点

教科書 43〜56ページ　答え 4ページ

1 計算をしましょう。　　　　　　　　　　　　1つ5〔40点〕

① 13×1.5　　　　　　　② 5.12×2.3

③ 0.9×0.31　　　　　　④ 3.6×0.5

⑤ 5.28×3.4　　　　　　⑥ 2.41×5.2

⑦ 9.54×0.4　　　　　　⑧ 2.51×6.37

2 積が6より小さくなるものはどれですか。全て選びましょう。〔10点〕

ⓐ 6×1.2　　ⓘ 6×0.7　　ⓤ 6×1.5　　ⓔ 6×0.95

（　　　　　）

3 よく出る　1mの重さが2.7kgの鉄のぼうがあります。この鉄のぼう1.4mの重さは何kgですか。　1つ5〔10点〕

式

答え（　　　　　）

4 次の長方形の面積は何m²ですか。　1つ10〔20点〕

式

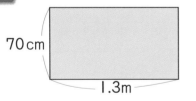
70cm　1.3m

答え（　　　　　）

5 くふうして計算しましょう。　1つ5〔20点〕

① 1.9×3.8+8.1×3.8　　② 8×5.3×1.25

③ 6.7×2.1−3.7×2.1　　④ 7.6×4×2.5

20

チェック ☑ □小数をかける計算ができたかな？　□小数のかけ算の積の大きさがわかったかな？

まとめのテスト❷

時間 **20** 分

得点 　　　　／100点

教科書　43〜56ページ　　答え　4ページ

---

1 計算をしましょう。　　　　　　　　　　　　　　　　　　　　　　　　1つ5〔40点〕

① 18×1.6　　　　　　　　　　② 9×0.8

③ 5.1×6.7　　　　　　　　　　④ 2.3×4.7

⑤ 1.83×2.8　　　　　　　　　　⑥ 4.19×1.53

⑦ 6.18×1.5　　　　　　　　　　⑧ 0.07×0.14

2 積が●より小さくなるものはどれですか。全て選びましょう。ただし、●は 0 でない数とします。　　　　　　　　　　　　　　　　　　　　　　　　　　　　　　　〔10点〕

あ ●×0.73　　　　い ●×1　　　　う ●×0.5　　　　え ●×1.62

（　　　　　　　　　）

3 よく出る　たて 8.3m、横 25.4m の長方形の形をした花だんがあります。この花だんの面積を求めましょう。　　　　　　　　　　　　　　　　　　　　　　　　1つ5〔10点〕

式

答え（　　　　　　　　　）

4 次の図形の色のついた部分の面積を求めましょう。　　　　　　　　　1つ10〔20点〕

式

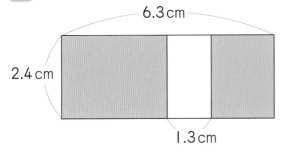

6.3cm

2.4cm

1.3cm

答え（　　　　　　　　　）

5 よく出る　くふうして計算しましょう。　　　　　　　　　　　　　　1つ5〔20点〕

① 4.6×9.1＋3.4×9.1　　　　　② 12.5×8.3×0.8

③ 5.6×4.2−3.6×4.2　　　　　④ 2.9×2.5×4

ふろくの「計算練習ノート」4〜6ページをやろう！

チェック✔　□ 長さが小数のときの長方形の面積を求めることができたかな？
　　　　　　□ くふうして計算できたかな？

① 直方体と立方体の体積

基本のワーク

学習の目標・
直方体や立方体の体積を求めることができるようにしよう！

教科書 58〜66ページ ┃ 答え 5ページ

基本 1 体積の表し方がわかりますか。

☆右のあの直方体とⓘの立方体のかさでは、どちらが何cm³大きいでしょうか。

とき方 あ、ⓘの体積を、それぞれ求めます。

あの直方体の体積は、
1cm³の立方体が60個
分だから、□cm³

かさのことを体積というよ。

あ
3cm
4cm
5cm

ⓘ
4cm
4cm
4cm

ⓘの立方体の体積は、
1cm³の立方体が□個分だから、□cm³

たいせつ
1辺が1cmの立方体の体積を1立方センチメートルといい、1cm³と書きます。cm³は体積の単位です。

答え □が□cm³大きい。

1 次の立体の体積は、どちらも1cm³です。そのわけを説明しましょう。 📖 教科書 61ページ 2

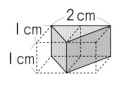

0.5cm 2cm 1cm

2cm 1cm 1cm

（　　　　　　　　　　　　　）

基本 2 直方体や立方体の体積を、公式を使って求めることができますか。

☆右の直方体の体積を求めましょう。

とき方 公式を使い、計算で求めます。

直方体の体積＝たて×□×□だから、右の直方体の
体積は、4×□×□＝□（cm³）

4cm
3cm
6cm

答え □cm³

公式を覚えて使えるようにしよう。

たいせつ
直方体の体積＝たて×横×高さ
立方体の体積＝1辺×1辺×1辺

2 次の直方体と立方体の体積を求めましょう。 📖 教科書 63ページ 3

❶ 6cm
10cm
7cm
式
答え（　　　　　　　）

❷ 7cm
7cm
7cm
式
答え（　　　　　　　）

さんすうはかせ
面積は1cm²の何個分、体積は1cm³の何個分かを考えて表すよ。cmは長さの単位だから、面積や体積の単位は、長さの単位をもとにしていることがわかるね。

基本 3 直方体や立方体を組み合わせた形とみて、立体の体積を求めることができますか。

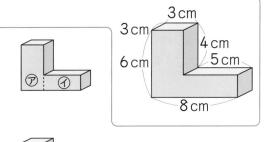

☆ 右のような立体の体積を求めましょう。

とき方 《1》 ㋐と㋑の2つの直方体に分けて
求めると、

$3×3×6+3×\boxed{}×(6-\boxed{})$
$=\boxed{}$(cm³)

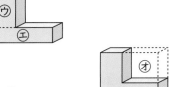

《2》 ㋒と㋓の2つの直方体に分けて求める
と、

$3×3×\boxed{}+3×\boxed{}×(6-\boxed{})$
$=\boxed{}$(cm³)

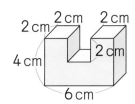

《3》 全体の大きな直方体から、㋔の直方体をひいて求めると、

$3×\boxed{}×\boxed{}-3×\boxed{}×\boxed{}=\boxed{}$(cm³)

答え $\boxed{}$ cm³

3 右のような立体の体積を求めましょう。　　📖 教科書 65ページ 4

式

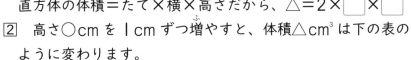

答え（　　　　　　　　　）

基本 4 直方体の高さと体積の関係がわかりますか。

☆ 右のように、直方体のたて2cmと横3cmを変えないで高さを
変えます。体積は高さに比例しているといえるでしょうか。

とき方 ① 高さを○cm、体積を△cm³とすると、
直方体の体積＝たて×横×高さだから、△＝2×$\boxed{}$×$\boxed{}$

② 高さ○cm を 1cm ずつ増やすと、体積△cm³ は下の表の
ように変わります。

③ ○が 2倍、3倍、4倍、……になると、
それにともなって、△も、2倍、$\boxed{}$倍、
$\boxed{}$倍、……になるから、体積は高さに
$\boxed{}$ しています。

高さ○(cm)	1	2	3	4	5	6
体積△(cm³)	6	12	㋐	㋑	㋒	㋓

答え 比例していると $\boxed{}$。

4 ㋐の直方体の体積は 1008cm³ です。㋑の
直方体の体積は何cm³ですか。

📖 教科書 66ページ 5

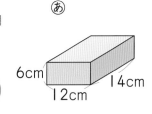
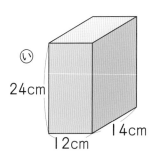

（　　　　　　　　　）

ポイント　直方体の体積＝たて×横×高さ
立方体の体積＝1辺×1辺×1辺

23

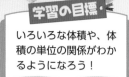

② いろいろな体積

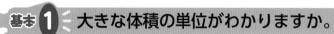

学習の目標・
いろいろな体積や、体積の単位の関係がわかるようになろう！

基本のワーク

教科書 67〜70ページ　答え 5ページ

基本 1 大きな体積の単位がわかりますか。

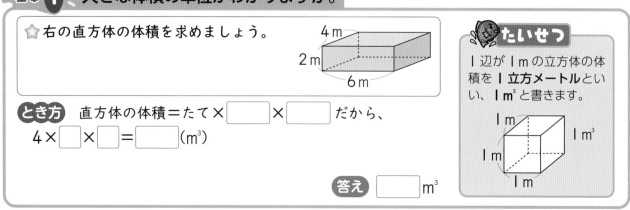

☆ 右の直方体の体積を求めましょう。

（とき方） 直方体の体積＝たて×□×□ だから、

4×□×□＝□（m³）

答え □ m³

（たいせつ）
1辺が1mの立方体の体積を1立方メートルといい、1m³と書きます。

1m　1m³
1m
1m

---

1 次の直方体と立方体の体積を求めましょう。　📖教科書 67ページ 1

①
7m
5m　8m
式

②
6m
6m
6m
式

答え（　　　　　）　　　　答え（　　　　　）

基本 2 単位をそろえて、体積を求めることができますか。

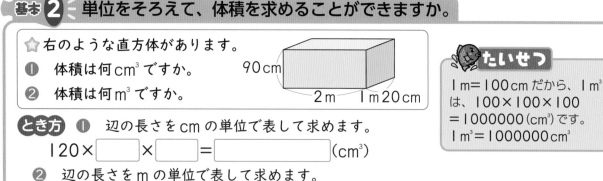

☆ 右のような直方体があります。
① 体積は何cm³ですか。
② 体積は何m³ですか。

90cm
2m　1m20cm

（とき方）① 辺の長さをcmの単位で表して求めます。
120×□×□＝□（cm³）
② 辺の長さをmの単位で表して求めます。
1.2×□×□＝□（m³）

（たいせつ）
1m＝100cmだから、1m³は、100×100×100＝1000000（cm³）です。
1m³＝1000000cm³

答え ① □ cm³　② □ m³

---

2 右の直方体の体積は何m³ですか。　📖教科書 68ページ 4

式

1.3m
70cm　3m

答え（　　　　　）

英語では「立方体」をcube（キューブ）というんだ。ちなみに、m³はcubic meter（キュービックメーター）というよ。

☆ 1 L は何cm³ ですか。また、1 m³ は何 L ですか。

とき方 1 辺が 10cm の立方体の容器に、
1 L の水を入れると、ちょうどいっぱ
いになります。容器の体積は、
10×10×10=☐(cm³)だから、
1 L=☐ cm³

また、1 m³ の立方体には、1 辺が 10cm の立方体がた
て、横、高さの辺に 10 個ずつ、全部で
10×10×10=☐(個)ならぶから、
1 m³=☐ L

答え 1 L=☐ cm³、1 m³=☐ L

たいせつ
1 L=1000cm³
1 mL=1 cm³

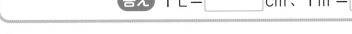

3 ☐にあてはまる数を書きましょう。　　📖教科書 68ページ 3 / 69ページ 5

① 4 m³=☐ cm³　　② 5 L=☐ cm³

③ 350 cm³=☐ mL　　④ 8000 L=☐ m³

☆ 厚さ 1cm の板でつくった右の容器の容積は何cm³ ですか。

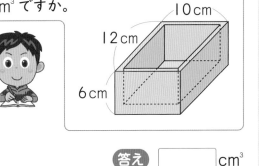

とき方 容器の内のりは、
たてが
12−2=10(cm)、
横が 10−2=☐(cm)、
高さが 6−☐=☐(cm)だから、容積は、
10×☐×☐=☐(cm³)

容器の内側の長さを
内のりというよ。

答え ☐ cm³

4 厚さ 1cm の板でつくった水そうがあります。
　　📖教科書 70ページ 6

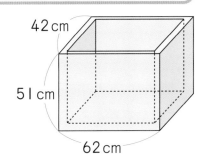

① この水そうの容積は何cm³ ですか。
式

答え（　　　　　　）

② この水そうの容積は何 L ですか。

（　　　　　　）

ポイント　1 mL / 1 cm³ —1000倍→ 1 L / 1000cm³ —1000倍→ 1000 L / 1000000cm³=1 m³

25

勉強した日 月 日

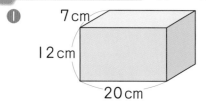

できた数

/8問中

1 直方体や立方体の体積 次の立体の体積を求めましょう。

① 7cm 12cm 20cm

式

答え（　　　　　）

② 9cm 9cm 9cm

式

答え（　　　　　）

③ 20cm 30cm 1m

式

答え（　　　　　）

④ 7.5cm 4cm 3.5cm

式

答え（　　　　　）

2 組み立ててできる立体の体積 右の展開図を組み立ててできる直方体の体積を求めましょう。

式

答え（　　　　　）

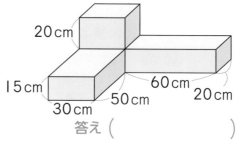
5cm 7cm 2cm

3 いろいろな立体の体積 右のような立体の体積を求めましょう。

式

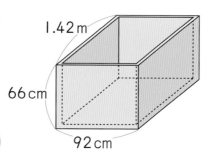
20cm 15cm 30cm 50cm 60cm 20cm

答え（　　　　　）

4 容積 厚さ1cmの板でつくった右のような容器があります。

① この容器の容積は何cm³ですか。

式

答え（　　　　　）

② この容器の容積は何Lですか。

（　　　　　）

1.42m 66cm 92cm

てびき

1 直方体や立方体の体積

たいせつ

直方体の体積
＝たて×横×高さ

立方体の体積
＝1辺×1辺×1辺

2 組み立ててできる立体の体積

展開図を組み立てると、下のような直方体ができます。

3 いろいろな立体の体積

いくつかの直方体に分けて求めます。

4 容積

たいせつ

1L＝1000cm³
1mL＝1cm³

ちゅうい

長さの単位をそろえてから、計算します。

できるナビ　1辺が10cmの立方体の容器いっぱいの水が1Lだよ。覚えておこう。

まとめのテスト

時間 20分

得点 ／100点

教科書 58〜72ページ 答え 5ページ

1 よく出る 次の直方体と立方体の体積を求めましょう。 1つ7〔42点〕

①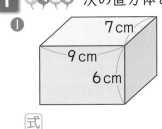
7cm
9cm
6cm
式

答え (   )

②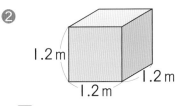
1.2m
1.2m
1.2m
式

答え (   )

③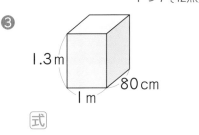
1.3m
1m
80cm
式

答え (   )

2 あの直方体の体積は 1232cm³ です。○の直方体の体積は何cm³ですか。 〔6点〕

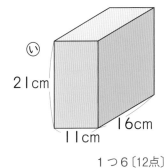
あ
7cm
11cm
16cm
○
21cm
11cm
16cm

(   )

3 よく出る □にあてはまる数を書きましょう。 1つ6〔12点〕

① 1.5L = □ cm³

② 5000L = □ m³

4 右のような立体の体積を求めましょう。 1つ8〔16点〕
式

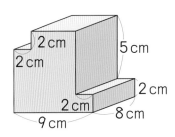
2cm
2cm
5cm
2cm
2cm
8cm
9cm

答え (   )

5 右の図のような、長方形の画用紙の四すみを切り取って、ふたのない容器を作ります。ただし、紙の厚さは考えないものとします。 1つ8〔24点〕

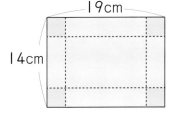
19cm
14cm

① 四すみを 2cm ずつ切り取ったとき、できあがる容器の容積を求めましょう。
式

答え (   )

② 容器の容積が一番大きくなるのは、四すみを何cmずつ切り取ったときですか。ただし、切り取る長さはcm単位で整数とします。

(   )

ふろくの「計算練習ノート」2〜3ページをやろう！

 チェック ✓
□ 直方体や立方体の体積を求めることができたかな？
□ 体積の単位の関係がわかったかな？

27

6 小数でわる計算を考えよう ■小数のわり算

① **整数÷小数**
② **小数÷小数** [その1]

基本のワーク

学習の目標・
整数÷小数、小数÷小数の計算ができるようになろう！

教科書 73〜79ページ　　答え 6ページ

基本 1 整数を小数でわる計算の意味や計算のしかたがわかりますか。

☆ はり金 1.7m の代金は 85 円です。このはり金 1m のねだんはいくらですか。

とき方 はり金の長さが小数で表されていても、1m のねだんを求めるには、整数のときと同じようにわり算を使います。 $\boxed{85 \div 1.7}$

《1》 0.1m の代金…85÷□

1m のねだん…0.1m の代金の □ 倍だから、

85÷1.7＝85÷17×□＝□

《2》 17m の代金…17m は 1.7m の □ 倍だから、85×□

1m のねだん…17m の代金を 17 でわればいいから、

85÷1.7＝85×10÷□
　　　　＝850÷17
　　　　＝□　　　答え □ 円

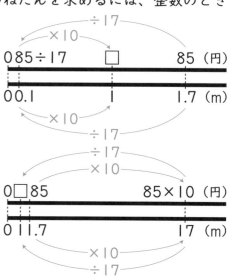

1 はり金 0.4m の代金が 56 円でした。このはり金 1m のねだんはいくらですか。

式

教科書 77ページ **2**

答え（　　　　　　）

はり金の長さが 1 より小さい小数のときも、わり算を使うよ。

基本 2 整数÷小数の筆算のしかたがわかりますか。

☆ 14÷3.5 の計算をしましょう。

とき方 《1》 （14×10）÷（3.5×10）＝140÷□＝□

《2》 ① わる数が整数になるように小数点を □ けた右に移す。

② ①で移した分だけ、わられる数の小数点も右に移す。

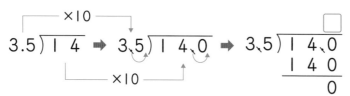

答え □

 さんすうはかせ 日本やイギリスなどでは、わり算に「÷」の記号を使うけど、「/」を使う国もあるよ。「/」を使う国の人は、日本の計算器に「/」ボタンがなくておどろくだろうね。

2 計算をしましょう。

📖教科書 78ページ 3

① 17÷3.4　　　② 36÷4.5　　　③ 81÷1.5

④ 69÷4.6　　　⑤ 45÷1.8　　　⑥ 65÷1.3

⑦ 7÷0.2　　　⑧ 76÷0.8　　　⑨ 63÷0.3

基本 **3** 小数÷小数の計算のしかたがわかりますか。

☆ 1.4mのホースの重さをはかったら、4.2kgでした。このホースの1mの重さは何kgですか。

とき方　1mの重さを求める式は、4.2÷1.4

《1》 4.2÷1.4=(4.2×10)÷(1.4×10)

　　　=42÷□=□

《2》
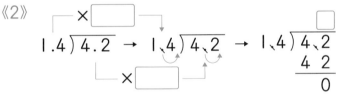

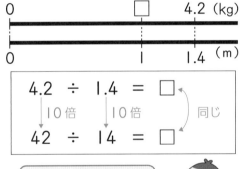

0　　　　　　□　4.2 (kg)

0　　　1　　1.4 (m)

4.2 ÷ 1.4 = □
10倍　　10倍　　同じ
42 ÷ 14 = □

整数÷小数と同じように考えて計算しよう。

答え □ kg

3 計算をしましょう。

📖教科書 79ページ 1

① 7.2÷1.8　　　② 4.8÷0.6　　　③ 42.3÷4.7

④ 16.1÷0.7　　　⑤ 71.4÷5.1　　　⑥ 49.3÷2.9

ポイント　わる数を10倍して整数にしたとき、わられる数もわすれずに10倍してからわり算をしましょう。

6 小数でわる計算を考えよう ■小数のわり算

② 小数÷小数 [その2]
③ 商の大きさ

基本のワーク

教科書 80～83ページ　　答え 6ページ

基本① わられる数が $\frac{1}{100}$ の位まである小数のわり算のしかたがわかりますか。

☆ 7.68÷2.4 の計算をしましょう。

とき方

《1》　7.68÷2.4＝(7.68×10)÷(2.4×10)＝□÷24＝□

《2》

$$2.4\overline{)7.68} \rightarrow 2,4\overline{)7,6.8} \rightarrow 2,4\overline{)7,6.8}$$

```
     7 2
     ─────
       4 8
       4 8
       ─────
         0
```

たいせつ
小数÷小数の商は、わる数を整数になおして計算すると求められます。

答え □

---

① 計算をしましょう。

📖教科書 80ページ**2**

① 6.46÷1.7

② 3.77÷1.3

③ 6.58÷0.7

④ 2.16÷3.6

⑤ 11.02÷5.8

⑥ 18.45÷0.9

基本② わる数が $\frac{1}{100}$ の位まである小数のわり算のしかたがわかりますか。

☆ 0.391÷0.23 の計算をしましょう。

とき方　① わる数が整数になるように、小数点を右に移す。

② わる数の小数点と同じけた数だけ、わられる数の小数点を右に移す。

③ わる数が整数のときと同じように計算し、わられる数の移した小数点にそろえて、商の小数点をうつ。

$$0.23\overline{)0.391} \rightarrow 0.23\overline{)0,39.1} \rightarrow 0.23\overline{)0,39.1}$$

```
      2 3
      ─────
      1 6 1
      1 6 1
      ─────
          0
```

答え □

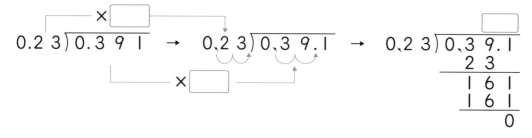

さんすうはかせ　わり算のときに使う「÷」という記号は、約350年前、ラーンという数学者が発明したそうだよ。点と点の間に横ぼうがあるのは、分数の表し方をヒントにしたんだって。

2 計算をしましょう。　　　　　　　　　　　　　　　　　📖 教科書 81ページ3

❶ 0.533÷0.41　　　❷ 0.371÷0.53　　　❸ 5.76÷0.72

❹ 4.94÷0.26　　　❺ 6.2÷1.24　　　❻ 8.4÷0.35

基本 3 わる数と商の大きさの関係がわかりますか。

☆あ〜おのリボンが 90 円で売られています。

❶ それぞれのリボンの 1m のねだんを求めましょう。

❷ 答えが 90 より大きくなるのはどのようなときですか。

リボンの長さ
あ…0.5m
い…0.6m
う…1m
え…1.2m
お…1.5m

とき方

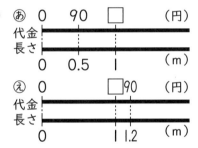

あ 0　90　□ (円)
代金
長さ
0　0.5　1　(m)

い 0　90 □ (円)
代金
長さ
0　0.6　1　(m)

え 0　□90 (円)
代金
長さ
0　1 1.2 (m)

お 0　□　90(円)
代金
長さ
0　1　1.5(m)

❶ あ…90÷0.5=□ (円)
　い…90÷0.6=□ (円)
　え…90÷1.2=□ (円)
　お…90÷1.5=□ (円)

答え あ…□ 円
　　　い…□ 円
　　　え…□ 円
　　　お…□ 円

❷ それぞれのリボンの 1m のねだんを 90(円)と比べると、

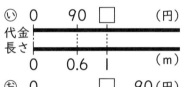
わられる数　わる数

あ…90　÷　0.5 □ 90
い…90　÷　0.6 □ 90
う…90　÷　1　=90　➡ 1 より □ 数で
え…90　÷　1.2 □ 90　　わると、答えは 90 よ
お…90　÷　1.5 □ 90　　り大きくなります。

たいせつ
・わる数>1のときは、
　商<わられる数
・わる数=1のときは、
　商=わられる数
・わる数<1のときは、
　商>わられる数

答え □

3 商がわられる数より大きくなるものを全て選びましょう。　📖 教科書 83ページ 1

あ 1.2÷0.4　　　い 5.6÷1.6　　　う 0.66÷1.1　　　え 3.01÷0.7

（　　　　　）

ポイント わられる数の小数点は、わる数の小数点と同じけた数だけ移して計算します。

④ わり進みの計算とあまりのあるわり算
⑤ わり算の式

基本のワーク

教科書 84～87ページ　答え 7ページ

学習の目標・
わり進みの計算やあまりのあるわり算ができるようになろう！

基本① わり進む計算のしかたがわかりますか。

☆ 右のような長方形のたての長さを求めましょう。

とき方 長方形の面積＝たて×横だから、□×2.4＝8.4

□＝8.4÷[　　]

2.4 m
□ m　8.4 m²

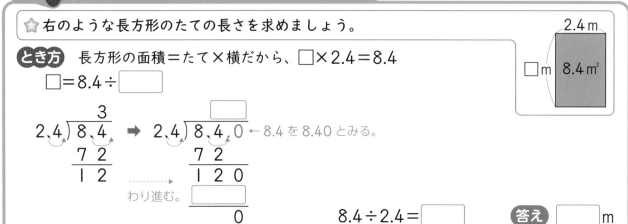

←8.4 を 8.40 とみる。

わり進む。

8.4÷2.4＝[　　]　　答え [　　] m

1 わりきれるまで計算しましょう。　　教科書 84ページ 1

① 7.8÷6.5　　② 12.6÷0.8　　③ 10.2÷4.25

④ 9÷3.6　　⑤ 63÷7.5　　⑥ 0.5÷0.8

基本② 小数のわり算であまりを求められますか。

☆ 8.5kg のさとうを 2.7kg ずつ容器に入れていきます。2.7kg 入りの容器は、何個できますか。また、さとうは何 kg あまりますか。

とき方 容器の数を求める式は、8.5÷⑦[　　]

⑦[　　] ← 容器の数だから、商は一の位まで求める。

```
    2,7)8,5
        8 1
        0:4
```

8.5÷2.7＝⑨[　] あまり ㋒[　]

たいせつ
小数のわり算では、あまりの小数点は、わられる数のもとの小数点にそろえてうちます。

答え [　] 個できて、[　] kg あまる。

2 商を $\frac{1}{10}$ の位まで求めて、あまりもだしましょう。　　教科書 85ページ 2

① 2.35÷0.6　　② 6.8÷3.1　　③ 2.7÷0.42

 かけ算に九九があるように、わり算にも九九があるよ。むかしは、そろばんで計算するときなどに使われていたんだって。

基本 3 商を四捨五入して求められますか。

☆ 右のような長方形の横の長さを求めましょう。

商を四捨五入して、$\frac{1}{10}$ の位まで求めましょう。

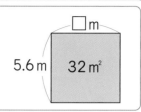
□m
5.6m　32 m²

とき方 長方形の面積＝たて×横だから、5.6×□＝32　　□＝32÷[　]

5.6)32.0　➡　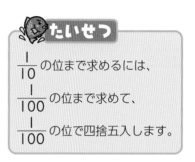
[　]（$\frac{1}{100}$の位まで）
5、6)32.0
　　2 8 0
　　4 0 0
　　3 9 2
　　　　8 0
　　　　5 6
　　　　2 4

たいせつ

$\frac{1}{10}$ の位まで求めるには、

$\frac{1}{100}$ の位まで求めて、

$\frac{1}{100}$ の位で四捨五入します。

答え 約 [　] m

3 商を四捨五入して、$\frac{1}{10}$ の位まで求めましょう。　　📖**教科書** 86ページ **3**

① 2.6÷0.7　　　② 18.7÷4.1　　　③ 0.428÷0.19

基本 4 わり算の式がわかりますか。

☆ 3.5mの重さが0.7kgのぼうがあります。

① このぼう1mの重さは何kgですか。　② このぼう1kgの長さは何mですか。

とき方 数直線図をかくと、下のようになります。

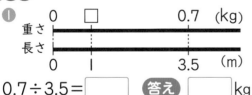
① 重さ 0　□　0.7 (kg)
　長さ 0　1　3.5 (m)

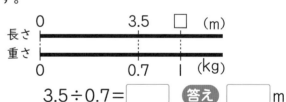
② 長さ 0　3.5　□ (m)
　重さ 0　0.7　1 (kg)

0.7÷3.5＝[　]　**答え** [　] kg　　　3.5÷0.7＝[　]　**答え** [　] m

4 4.5m²の花だんに1.8Lの水をまきます。　　📖**教科書** 87ページ **1**

① 水1Lでは何m²にまくことができますか。

式

答え（　　　　　　　　）

② 1m²の花だんには何Lの水をまくことになりますか。

式

答え（　　　　　　　　）

📍**ポイント**　小数のわり算では、あまりの小数点は、わられる数のもとの小数点にそろえてうちます。

33

⑥ 小数倍とかけ算、わり算

基本のワーク

勉強した日 ▶ 月 日

学習の目標・
かけ算やわり算を使って、小数倍の問題がとけるようになろう！

教科書 88〜91ページ 答え 7ページ

基本 1 何倍かを求められますか。

☆ 白の玉の重さは 1.5kg です。赤の玉の重さは 3.6kg です。赤の玉の重さは、白の玉の重さの何倍ですか。

とき方 もとにする量が小数で表されていても、何倍かを求めるには、わり算が使えます。

□ ÷ 1.5 = □

答え □ 倍

```
        白        赤
  0    1.5      3.6 (kg)
重さ ━━┿━━━━┿━━
倍  ━━┿━━━━┿━━
  0    1        □  (倍)
```

---

1 青のテープの長さは 7m、黄のテープの長さは 1.4m です。

📖 教科書 88ページ 1

① 青のテープの長さは、黄のテープの長さの何倍ですか。

式

答え（　　　　　）

② 黄のテープの長さは、青のテープの長さの何倍ですか。

式

答え（　　　　　）

基本 2 何倍かした大きさを求められますか。

☆ 白の玉の重さは 1.5kg です。緑の玉の重さは、白の玉の重さの 0.6 倍です。緑の玉の重さは何kg ですか。

とき方 もとにする量が小数で表されていても、何倍かした大きさを求めるには、かけ算が使えます。

1.5 × □ = □

答え □ kg

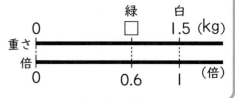

```
            緑     白
  0         □    1.5 (kg)
重さ ━━━━┿━━┿━━
倍  ━━━━┿━━┿━━
  0         0.6   1  (倍)
```

---

2 たての長さが 6cm の長方形をかきます。

📖 教科書 89ページ 2

① 横の長さをたての長さの 1.7 倍にすると、横の長さは何cm になりますか。

式

答え（　　　　　）

② 横の長さをたての長さの 0.8 倍にすると、横の長さは何cm になりますか。

式

答え（　　　　　）

34

 さんすうはかせ 江戸時代の初期に書かれた「塵劫記」という本に、すでに小数の表し方や計算方法が書かれていたんだって。

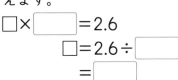 **基本3** もとにする量を求められますか。

☆ 水とうに入る水の体積は 2.6 L です。これは水とうのふたをコップにしたときに入る水の体積の 6.5 倍です。水とうのふたには何 L の水が入りますか。

とき方 何倍を表す数が小数で表されていても、もとにする量を求めるには、わり算が使えます。

□×［　　］=2.6
　　□=2.6÷［　　］
　　　=［　　］

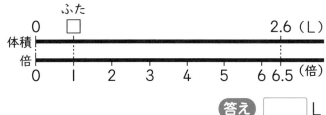

ふた
　　0　　□　　　　　　　　　　　　2.6（L）
体積 ━━━┊━━━━━━━━━━━━━┊━━
倍 　━━━┊━━━━━━━━━━━━━┊━━
　　0　　1　　2　　3　　4　　5　　6 6.5（倍）

答え ［　　］L

3 まきこさんの持っているおこづかいは 630 円です。これは、妹のおこづかいの 1.5 倍で、お姉さんのおこづかいの 0.7 倍です。妹とお姉さんのおこづかいは、それぞれ何円ですか。

［式］　　　　　　　　　　　　　　　　　　　　　　　📖 教科書 90ページ 4

答え 妹（　　　　　　　） お姉さん（　　　　　　　）

 基本4 のび方を比べる方法がわかりますか。

☆ 長さが 5 cm のゴムあと、長さが 7.5 cm のゴムいがあります。それぞれを同じ強さでひっぱったら、あは長さが 6.5 cm、いは長さが 9 cm までのびました。どちらがより、長さがのびたといえますか。

とき方 倍を使って比べます。
あ…6.5÷5=［　　］（倍）
い…9÷7.5=［　　］（倍）

> もとにする量がちがうときは、倍を使って比べることができるよ。

答え ゴム［　　］のほうがより、長さがのびたといえる。

4 みさとさんは黒いうさぎと白いうさぎを飼っています。3 か月前の黒いうさぎの体重は 1.2 kg で、白いうさぎの体重は 0.8 kg でした。今の黒いうさぎの体重は 1.5 kg で、白いうさぎの体重は 1.1 kg です。どちらがより、体重が増えたといえますか。　📖 教科書 91ページ 6

［式］

答え（　　　　　　　　　　　　　）

ポイント もとにする量や何倍を表す数が小数で表されていても、整数のときと同じように計算できます。

練習のワーク

勉強した日 ▶ 　　月　　日

できた数

/13問中

1 整数÷小数、小数÷小数　わりきれるまで計算しましょう。

① 17÷0.2

② 24÷1.5

③ 16.2÷2.7

④ 20.4÷0.08

⑤ 3.65÷2.5

⑥ 4.8÷6.4

2 あまりのあるわり算　商を $\frac{1}{10}$ の位まで求めて、あまりもだしましょう。

① 15.7÷2.3

② 7.1÷0.9

③ 9.8÷4.3

④ 0.85÷0.7

3 商の大きさ　商がわられる数より大きくなるものを選びましょう。

㋐ 9.1÷1.3

㋑ 7.2÷0.8

㋒ 0.64÷1.6

㋓ 8.49÷0.3

(　　　　　　　)

4 小数÷小数の文章題　面積が 8.6m² のゆかをぬるのに、ペンキを 3.87L 使いました。1m² の面積をぬるには、ペンキを何L 使いますか。

式

答え (　　　　　　　)

5 商の四捨五入　2.7m の鉄のぼうの重さをはかったら、7.9kg でした。このぼう 1m の重さは約何kg ですか。商を四捨五入して、$\frac{1}{10}$ の位まで求めましょう。

式

答え (　　　　　　　)

てびき

1 2 小数でわる筆算

 たいせつ

商の小数点は、わられる数の右に移した小数点にそろえてうちます。

2 あまりのあるわり算

ちゅうい

あまりの小数点は、わられる数のもとの小数点にそろえてうちます。

3 商の大きさ

 たいせつ

わり算では、1 より小さい数でわると、商はわられる数より大きくなります。

5 商の四捨五入

商を四捨五入して $\frac{1}{10}$ の位まで求めるときは、$\frac{1}{100}$ の位を四捨五入します。

できるナビ　小数点の位置に気をつけて、筆算で計算しよう。

まとめのテスト

時間 **20**分

得点 /100点

教科書 **73〜93ページ** 答え **8ページ**

1 わりきれるまで計算しましょう。 1つ5〔30点〕

① 7÷0.16

② 26.97÷5.8

③ 63÷1.2

④ 0.957÷0.33

⑤ 7.2÷2.25

⑥ 0.4÷0.16

2 よく出る 商を $\frac{1}{10}$ の位まで求めて、あまりもだしましょう。 1つ5〔15点〕

① 7.9÷2.7

② 3.32÷1.8

③ 0.74÷0.28

3 次の⑥、⑩、⑪の式を、商が大きい順にならべましょう。 〔7点〕

⑥ 6.5÷1.3

⑩ 6.5÷0.5

⑪ 6.5÷1

( )

4 面積が9m²の長方形の形をした花だんをつくります。 1つ8〔32点〕

① たての長さを2.4mにすると、横の長さは何mになりますか。

式

答え ( )

② たての長さを2.6mにすると、横の長さは約何mになりますか。商を四捨五入して、$\frac{1}{10}$ の位まで求めましょう。

式

答え ( )

5 よく出る 赤ちゃんの体重をはかったら6.42kgありました。これは先月の1.2倍でした。先月の体重は何kgですか。 1つ8〔16点〕

式

答え ( )

ふろくの「計算練習ノート」7〜10ページをやろう！

学習の目標・
合同な図形とその性質がわかるようになろう！

① **合同な図形** [その1]

基本のワーク

| 教科書 | 96〜100ページ |
| 答え | 8ページ |

基本 1 合同な図形を見つけることができますか。

☆ 同じ大きさの円に、等しい間かくで 10 個の点をうって、いろいろな四角形をかきました。�○〜㋔の四角形の中で、㋐と合同な四角形はどれですか。

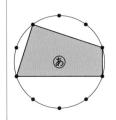 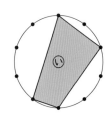 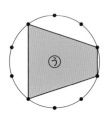 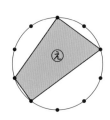 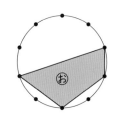

とき方 回したり、うら返したりして、ぴったり重なるものを見つけます。

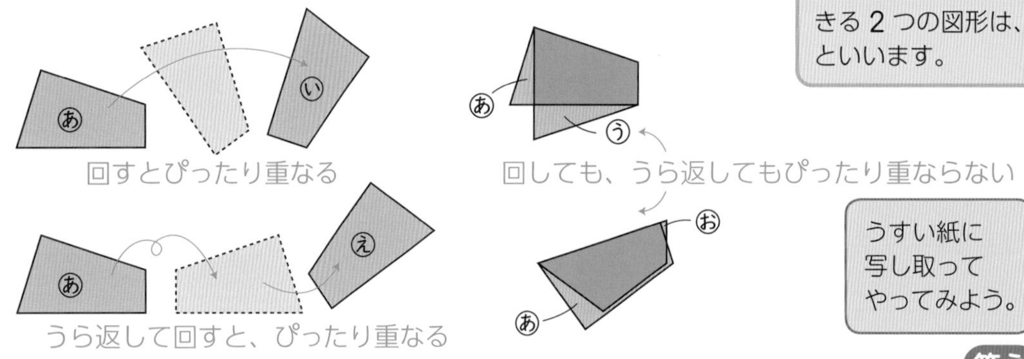

たいせつ
ぴったり重ね合わせることのできる 2 つの図形は、**合同である**といいます。

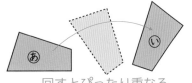

回すとぴったり重なる

回しても、うら返してもぴったり重ならない

うら返して回すと、ぴったり重なる

うすい紙に写し取ってやってみよう。

答え 　　、　　

1 右の図形を紙に写し取って、㋐〜㋔の中から合同な図形を全て見つけましょう。　　📖 教科書 98ページ 1

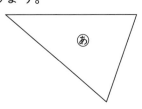 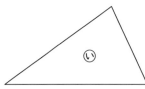 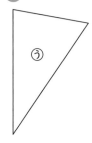 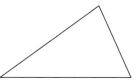

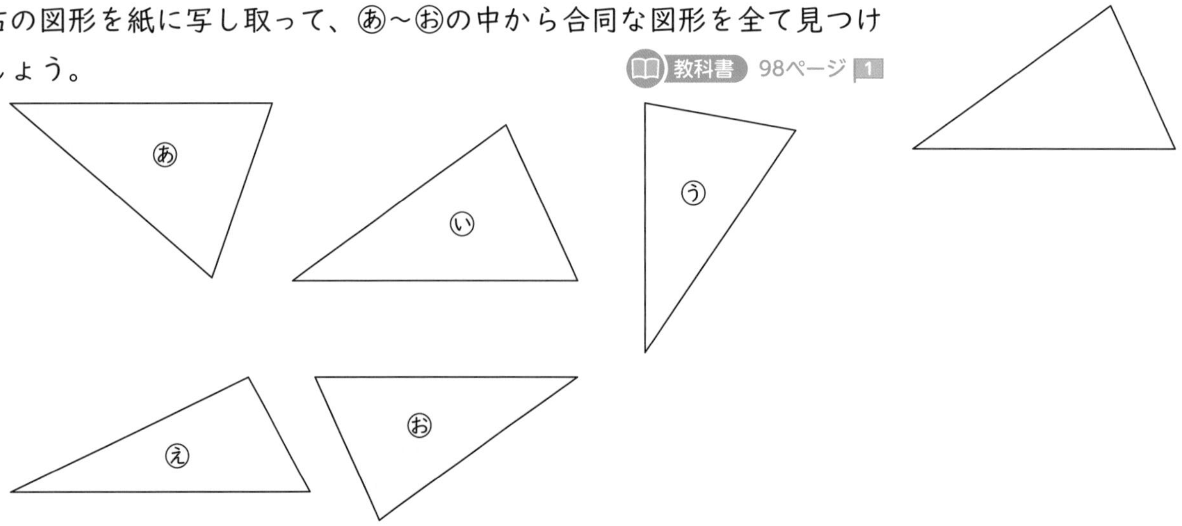

（　　　　　　　　　）

さんすうはかせ 形を変えずに大きくした図を拡大図、小さくした図を縮図というんだよ。形が同じでも、大きさがちがえば、合同ではないよ。

☆ 右の圏と◎の三角形は合同です。

● 対応する頂点を全て書きましょう。

② 対応する辺を全て書きましょう。

③ 対応する角を全て書きましょう。

④ 辺ACの長さは何cmですか。

⑤ 角Bの大きさは何度ですか。

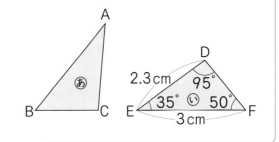

とき方 合同な図形では、対応する辺の長さは等しく、対応する角の大きさも等しくなっています。

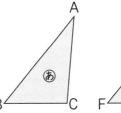 

たいせつ
合同な図形では、重なり合う頂点、辺、角を、それぞれ**対応する頂点、対応する辺、対応する角**といいます。

答え ● 頂点Aと頂点□、頂点Bと頂点□、頂点Cと頂点□

② 辺ABと辺□□□、辺BCと辺□□□、辺ACと辺□□□

③ 角Aと角□、角Bと角□、角Cと角□

④ □□ cm

⑤ □□ °

2 右の圏と◎の四角形は合同です。

📖教科書 100ページ **2**

● 頂点Aに対応する頂点を書きましょう。

( )

② 辺BCに対応する辺を書きましょう。

( )

③ 角Dに対応する角を書きましょう。

( )

④ 辺GHの長さは何cmですか。

( )

⑤ 角Eの大きさは何度ですか。

( )

3 右の圏と◎の三角形は合同であるといえるでしょうか。

📖教科書 99ページ

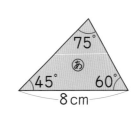 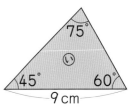

( )

ポイント ぴったり重ね合わせることのできる2つの図形は、合同であるといいます。合同な図形では、対応する辺の長さや角の大きさが等しくなっています。

① 合同な図形 [その2]
② 合同な図形のかき方
基本のワーク

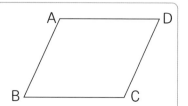

学習の目標・
辺の長さや角の大きさから、合同な三角形がかけるようになろう！

教科書 100〜104ページ　　答え 8ページ

基本 1 対角線で分けてできる図形が合同かどうかわかりますか。

☆ 右の図のような平行四辺形に1本、または2本の対角線をひきます。
① 対角線ACをひくとき、できる2つの三角形は合同でしょうか。
② 対角線ACとBDをひくとき、できる4つの三角形は全て合同でしょうか。

とき方

①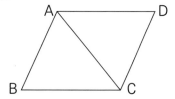

できる2つの三角形の対応する辺の長さも角の大きさも □ なっているので、この2つの三角形は □ です。

答え 合同 □ 。

②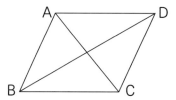

2本の対角線をひいてできる4つの三角形のうち、向かい合った2組の三角形は □ です。しかし、4つの三角形が全て合同とはいえません。

答え 合同 □ 。

---

1 右の図のようなひし形ABCDがあります。

📖 教科書 100ページ **3**

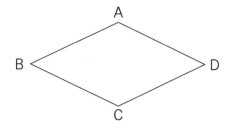

① 対角線ACをひくとき、できる2つの三角形は合同でしょうか。

（　　　　　　）

② 対角線BDをひくとき、できる2つの三角形は合同でしょうか。

（　　　　　　）

辺の長さがみんな等しい四角形が、ひし形だね。

③ 対角線ACとBDをひくとき、できる4つの三角形は全て合同でしょうか。

（　　　　　　）

 正方形は、1辺の長さか、1本の対角線の長さが等しければ、それだけで合同といえるよ。

☆ 右の三角形と合同な三角形をかきましょう。

定規、コンパス、分度器を用意してね！

とき方 《1》 3つの辺の長さを使ってかきます。

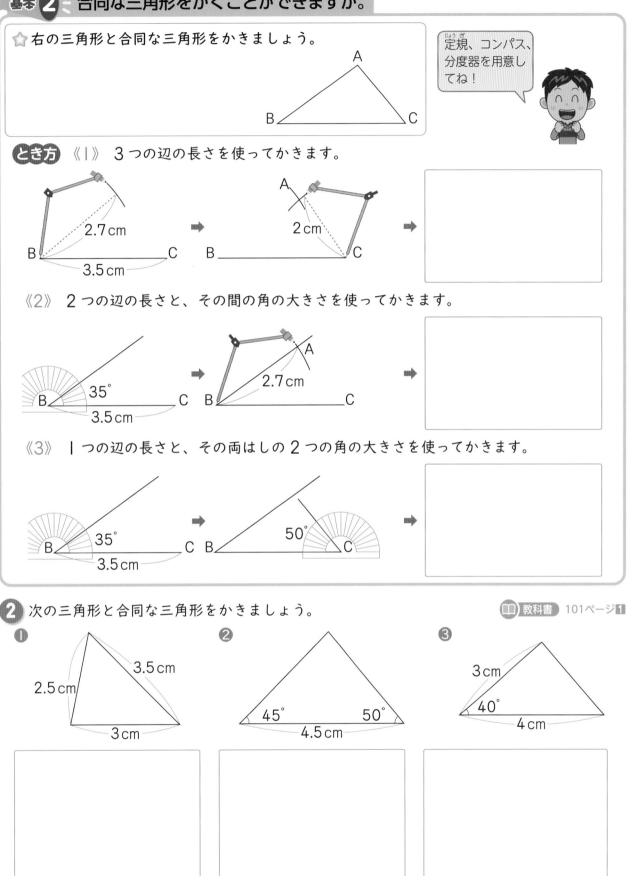

《2》 2つの辺の長さと、その間の角の大きさを使ってかきます。

《3》 1つの辺の長さと、その両はしの2つの角の大きさを使ってかきます。

2 次の三角形と合同な三角形をかきましょう。

教科書 101ページ 1

① 2.5cm 3.5cm 3cm

② 45° 50° 4.5cm

③ 3cm 40° 4cm

ポイント ① 3つの辺の長さ ② 2つの辺の長さと、その間の角の大きさ ③ 1つの辺の長さと、その両はしの2つの角の大きさ ①〜③のうち、どれかがわかると、合同な三角形がかけます。

練習のワーク

できた数

/6問中

教科書 96～106ページ　答え 9ページ

1 合同な図形　次の⊙～⊛の三角形の中で、⊛の三角形と合同なものを全て見つけましょう。

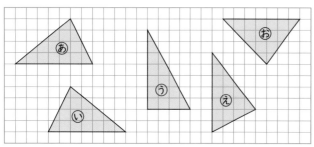

（　　　　　　　　　）

1 合同な図形

形も大きさも同じで、ぴったり重ね合わせることのできる図形を見つけます。

2 対応する辺、角　右の2つの三角形は合同です。

❶ 辺DFの長さは何cmですか。

（　　　　　　　　　）

❷ 角Fの大きさは何度ですか。

（　　　　　　　　　）

❸ 辺BCの長さは何cmですか。

（　　　　　　　　　）

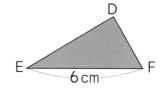

2 対応する辺、角

さんこう

図形の合同や、対応する辺をいうときは、対応する頂点の順に表しましょう。

3 合同な三角形のかき方　次の三角形と合同な三角形をかきましょう。

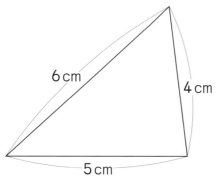

3 合同な三角形のかき方

ヒント

はじめに5cmの辺をかきましょう。

4 合同な四角形のかき方　次の四角形と合同な四角形をかきましょう。

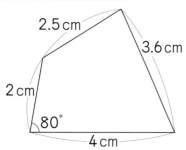

4 合同な四角形のかき方

ヒント

2つの三角形に分けて考えましょう。

できるナビ　合同かどうかを見分けるとき、ずらしたり回したりするだけでなく、うら返すこともわすれないようにしよう。

まとめのテスト

時間 **20**分

得点 ／100点

勉強した日　月　日

教科書 96〜106ページ　答え 9ページ

1 合同な図形の組を見つけましょう。　1つ10〔20点〕

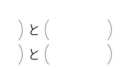

（　　）と（　　）
（　　）と（　　）

2 右の2つの台形は合同です。　1つ10〔20点〕

① 辺ABの長さは何cmですか。
（　　　　　）

② 角Eの大きさは何度ですか。
（　　　　　）

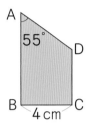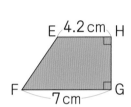

3 次の三角形と合同な三角形をかきましょう。　〔15点〕

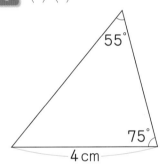

4 長方形、正方形、平行四辺形、ひし形の4つについて、問題に答えましょう。　1つ15〔30点〕

① 1本の対角線をひいてできる2つの三角形が合同であるのはどれですか。
（　　　　　　　　　　）

② 2本の対角線をひいてできる4つの三角形が全て合同であるのはどれですか。
（　　　　　　　　　　）

5 右の図は長方形です。点Aを通る直線を1本ひいて、長方形を2つの合同な四角形に分けましょう。　〔15点〕

 □ 合同な図形が見つけられたかな？
□ 合同な三角形がかけたかな？

43

① 偶数と奇数
② 倍数と公倍数

基本のワーク

教科書 109〜114ページ　答え 9ページ

基本1 整数を偶数と奇数に分けることができますか。

☆ 20人のクラスで、出席番号順に1番から赤、白、赤、白、……と分けて、組をつくっていきます。11番、16番の人は、どちらの組に入るでしょう。

とき方　出席番号順にならべると、右のようになります。
番号の数を2でわったとき、わりきれる数の人は□組、あまりが1になる数の人は□組になります。

11÷2=□ あまり □
16÷2=□
答え 11番…□組、16番…□組

1	2	3	4	5	6	…
↓	↓	↓	↓	↓	↓	
赤	白	赤	白	赤	白	…

たいせつ
整数を2でわったとき、わりきれる数を偶数といい、あまりが1になる数を奇数といいます。0は偶数とします。

1 次の数を、偶数と奇数に分けましょう。　教科書 110ページ 1
20　　39　　4　　332　　185　　0　　607

偶数（　　　　　　　）　奇数（　　　　　　　）

基本2 倍数と公倍数がわかりますか。

☆ 1ふくろ4まい入りのパンと、1ふくろ5まい入りのハムを、それぞれ何ふくろか買います。パンとハムの数が等しくなるのは、まい数がどのようなときですか。

とき方　パンとハムを、それぞれ1ふくろ、2ふくろ、3ふくろ、……と買ったときのまい数は、右の表のようになります。

ふくろの数（ふくろ）	1	2	3	4	5	6	7
パンの数　（まい）	4	8	12	16	20	24	28
ハムの数　（まい）	5	10	15	20	25	30	35

パンのまい数を表す数は4の□、ハムのまい数を表す数は5の□になっています。パンとハムのまい数が等しくなるのは□まいのときです。20のように、4と5の共通な倍数を4と5の□といいます。
答え 4と5の□のとき

たいせつ
4、8、12、……のように、4に整数をかけてできた数を4の倍数といいます。また、4と5の共通な倍数を、4と5の公倍数といいます。

2 次の数の倍数を、小さいほうから順に5つずつ書きましょう。　教科書 112ページ 1
① 8　　　　② 13
（　　　　　　　）（　　　　　　　）

 日本人は、古くから奇数を好むといわれているよ。「七五三」の行事、桃の節句の「3月3日」、子どもの日の「5月5日」など、お祝いには奇数が関係するものが多いね。

☆ 4と6の公倍数を、小さいほうから順に3つ書きましょう。また、4と6の最小公倍数はいくつですか。

とき方

《1》 4の倍数、6の倍数をそれぞれ求め、共通な倍数を見つけます。

4の倍数　　4、8、⑫、16、20、㉔、28、32、㊱、……
6の倍数　　6、⑫、18、㉔、30、㊱、42、48、54、……

《2》 大きいほうの数6の倍数が、小さいほうの数4の倍数かどうかを調べます。

6の倍数　　　　　　6、12、18、24、30、36、……
4の倍数かどうか　　×、○、×、○、×、○、……

たいせつ
公倍数の中で、一番小さい数を最小公倍数といいます。

4と6の公倍数は、小さいほうから順に、□、□、□です。また、最小公倍数は□です。

4と6の公倍数は、4と6の最小公倍数である12の倍数になっています。

答え 公倍数…□、□、□　　　最小公倍数…□

3 （　）の中の数の公倍数を、小さいほうから順に3つ書きましょう。また、最小公倍数はいくつですか。　　　📖 教科書 113ページ ③

① （2　7）　　　　　　　　　　　　② （3　9）

公倍数（　　　　　　）　　　　　　　　公倍数（　　　　　　）
最小公倍数（　　　　　　）　　　　　　最小公倍数（　　　　　　）

4 （　）の中の数の最小公倍数を求めましょう。　　　📖 教科書 114ページ ⑤

① （2　3　7）　　　　　　　　　　② （3　5　6）

（　　　　　　）　　　　　　　　　　（　　　　　　）

☆ 右のように、たて5cm、横9cmの長方形の紙を、すき間なくならべて正方形をつくります。できる正方形のうち、一番小さい正方形の1辺の長さは何cmですか。

9cm
5cm

とき方 長方形の紙をしきつめていったとき、たての長さは5の倍数、横の長さは9の倍数になります。これらが同じになるとき、正方形になります。

正方形の1辺の長さが5と9の□のとき正方形になり、5と9の□のとき一番小さい正方形になります。

9の倍数　9、18、27、36、㊺、… ➡ 一番小さい正方形の1辺は、□cm
5の倍数を見つけます。

答え □cm

5 バスAは8分おきに、バスBは10分おきに出発します。バスAとバスBが同時に出発してから、次にまた同時に出発するのは何分後ですか。　　　📖 教科書 114ページ③

（　　　　　　）

ポイント 2つの整数の公倍数を見つけるときは、大きいほうの数の倍数の中から、小さいほうの数の倍数を見つけると、はやく見つけられます。

③ 約数と公約数

基本のワーク

基本 1 約数と公約数がわかりますか。

☆ 12個のみかんと16個のいちごを何皿かに分けます。どの皿も、みかんといちごが同じ個数ずつになるように分けられるのは、皿の数が何皿のときですか。

とき方　皿の数を1皿、2皿、3皿、……と増やしたとき、同じ個数ずつ分けられる場合は○、分けられない場合は×として表に整理すると、下のようになります。

皿の数（皿）	1	2	3	4	5	6	7	8	9	10	11	12	13	14	15	16
みかん	○	○	○	○	×	○	×	×	×	×	×	○				
いちご	○	○	×	○	×	×	×	○	×	×	×	×	×	×	×	○

みかんを同じ個数ずつ分けられる皿の数1、2、3、4、6、12は12の □□□、いちごを同じ個数ずつ分けられる皿の数1、2、4、8、16は16の □□□ です。みかんもいちごも同じ個数ずつ分けられる皿の数は、1、 □□、 □□ です。　答え □□ 皿、 □□ 皿、 □□ 皿

たいせつ
1、2、3、4、6、12のように、12をわりきることのできる整数を、12の約数といいます。また、12と16の共通な約数を、12と16の公約数といいます。

1 次の数の約数を全て書きましょう。　　　　　　教科書 116ページ 1

❶ 9　　　　　　　　　❷ 15　　　　　　　　　❸ 28

（　　　　　　）　（　　　　　　）　（　　　　　　）

基本 2 公約数の見つけ方と最大公約数がわかりますか。

☆ 20と30の公約数を全て求めましょう。また、20と30の最大公約数はいくつですか。

とき方　《1》20と30の約数をそれぞれ求め、共通な約数を見つけます。
　　20の約数　　①、②、4、⑤、⑩、20
　　30の約数　　①、②、3、⑤、6、⑩、15、30
　《2》20の約数の中から、30の約数を見つけます。
　　20の約数　　　　1、2、4、5、10、20
　　30の約数かどうか　　○、○、×、○、○、×

たいせつ
公約数の中で、一番大きい公約数を最大公約数といいます。

20と30の公約数は、 □□、 □□、 □□、 □□ です。また、最大公約数は □□ です。
20と30の公約数は、20と30の最大公約数である10の約数になっています。

《2》のほうがはやく見つけられるね。

答え　公約数… □□、 □□、 □□、 □□　　最大公約数… □□

 英語では、倍数をmultiple（マルタプル）、約数をdivisor（ディバイザー）と言うんだ。5の倍数は、a multiple of 5だよ。

2 （　）の中の数の公約数を全て書きましょう。また、最大公約数はいくつですか。

教科書 117ページ 3

❶ （18　24）

公約数（　　　　　　　　　　）

最大公約数（　　　　　　　　）

❷ （7　21）

公約数（　　　　　　　　　　　）

最大公約数（　　　　　　　　　）

3 9、15、36 の 3 つの数の公約数を全て書きましょう。　教科書 117ページ 4

（　　　　　　　　　　　）

基本 3　公約数を使って問題を解くことができますか。

☆ たて 24 cm、横 16 cm の長方形の紙を、合同な正方形に切り分け、紙があまらない
ようにします。正方形をできるだけ大きくするには、1 辺の長さを何 cm にすればよ
いでしょうか。ただし、1 辺の長さは整数とします。

とき方　たてがあまりなく切り分けられるのは、正方形の 1 辺の長さ
を表す数が 24 の 　　　 のときです。

横があまりなく切り分けられるのは、正方形の 1 辺の長さを表す
数が 16 の 　　　 のときです。

したがって、正方形の 1 辺の長さを表す数が 24 と 16 の
　　　　　　 のとき、紙があまらないように切り分けることができ、

24 と 16 の 　　　　　　 のとき、一番大きい正方形になります。

16 の約数 ①、②、④、⑧、16　➡　一番大きい正方形の 1 辺の長さは、　　　 cm
　　　　　　　　　　　　　　── 24 の約数を見つけます。

16 cm

24 cm

答え 　　　 cm

---

4 たて 14 cm、横 21 cm の長方形の紙に、合同な正方形の紙をすき間なくしきつめます。し
きつめることのできる一番大きい正方形の 1 辺の長さは何 cm ですか。ただし、1 辺の長さ
は整数とします。　教科書 118ページ 3

（　　　　　　　　　　　）

---

5 ジュース 63 本とクッキー 90 個を、それぞれ同じ数ずつ、できるだけ多くの人にあまりの
ないように分けると、何人に分けられるでしょう。　教科書 118ページ 3

（　　　　　　　　　　　）

 ポイント　2 つの整数の公約数を見つけるときは、小さいほうの数の約数の中から、大きいほうの数の
約数を見つけると、はやく見つけられます。

8 整数の性質を調べよう ■整数の性質

練習のワーク

教科書 109〜120ページ　答え 10ページ

できた数

/12問中

1 偶数と奇数　次の数は、偶数と奇数のどちらですか。

① 81

② 108

（　　　　　）　　　（　　　　　）

2 倍数　次の問題に答えましょう。

① （　）の中の数の公倍数を、小さいほうから順に３つ書きましょう。

　あ （3　7）　　　　　い （4　18）

（　　　　　）　　　（　　　　　）

② （　）の中の数の最小公倍数を求めましょう。

　あ （6　15）　　　　　い （3　4　6）

（　　　　　）　　　（　　　　　）

3 倍数の問題　ベルＡは８分おきに、ベルＢは12分おきに鳴ります。ベルＡとベルＢが同時に鳴りました。次に同時に鳴るのは何分後ですか。

（　　　　　）

4 約数　次の問題に答えましょう。

① 次の数の約数を全て書きましょう。

　あ 27　　　　　い 50

（　　　　　）（　　　　　）

② （　）の中の数の最大公約数を求めましょう。

　あ （8　20）　　　　　い （12　42）

（　　　　　）　　　（　　　　　）

5 約数の問題　56本のえん筆と35さつのノートを、それぞれ同じ数ずつ、できるだけ多くの人に分けます。あまりのないように分けることができるのは、何人のときですか。

（　　　　　）

てびき

1 偶数と奇数

偶数…２でわったとき、わりきれる数
奇数…２でわったとき、あまりが１になる数

2 倍数

倍数…ある整数に整数をかけてできた数
公倍数…いくつかの整数に共通な倍数

4 約数

約数…ある整数をわりきることのできる整数
公約数…いくつかの整数に共通な約数

さんこう

下のように、いくつかの整数を小さい整数で順にわって、最大公約数を見つける方法があります。

例　（24　36）
　2）24　36
　2）12　18
　3）　6　　9
　↓　　2　　3
　2×2×3=12
　　　　最大公約数

できるナビ　偶数か奇数かは、一の位の数字を見ればわかるよ。一の位の数字が偶数ならその数は偶数、一の位の数字が奇数ならその数は奇数だよ。

まとめのテスト

時間 **20**分

得点 ／100点

勉強した日　月　日

1 次の数は、偶数と奇数のどちらですか。　　　　1つ5〔15点〕
❶ 0　　（　　　　　）　❷ 134　（　　　　　）　❸ 275　（　　　　　）

2 （　）の中の数の最小公倍数を求めましょう。　　　　1つ5〔15点〕
❶ （2　5）　　　　　❷ （9　12）　　　　　❸ （4　6　16）
　　　（　　　　　）　　　　（　　　　　）　　　　（　　　　　）

3 次の数の約数を全て書きましょう。　　　　1つ5〔15点〕
❶ 17　　　　　　❷ 25　　　　　　❸ 30
　（　　　　　）　　（　　　　　）　　（　　　　　）

4 （　）の中の数の公約数を全て書きましょう。また、最大公約数はいくつですか。　1つ5〔20点〕
❶ （18　30）　　　　　　　　　❷ （8　40）

　　公約数（　　　　　　　）　　　　　公約数（　　　　　　　）
　　　最大公約数（　　　　　）　　　　　　最大公約数（　　　　　）

5 よく出る　6分ごとに発車するふつう電車、10分ごとに発車する急行電車があります。2つの電車が午後1時に同時に出発したあと、次に同時に出発するのは何時何分ですか。　〔5点〕

　　　　　　　　　　　　　　　（　　　　　　　　　）

6 たて70cm、横56cmの画用紙があります。この画用紙を、同じ大きさの正方形にあまりのないように切り分けます。　　　　1つ5〔10点〕
❶ 一番大きい正方形の1辺の長さは何cmですか。

　　　　　　　　　　　　　　　（　　　　　　　　　）

❷ ❶のとき、何まいの正方形ができますか。

　　　　　　　　　　　　　　　（　　　　　　　　　）

7 ある年の7月7日が土曜日でした。　　1つ10〔20点〕
❶ この年の7月の土曜日の日付を全て書きましょう。

日	月	火	水	木	金	土
1	2	3	4	5	6	7
8	9	10	11			

　　　　　　　（　　　　　　　　　　　　　　）

❷ この年の7月27日は何曜日ですか。
　　　　　　　（　　　　　　　　　）

ふろくの「計算練習ノート」11ページをやろう！

□ 倍数、公倍数、最小公倍数を求めることができたかな？
□ 約数、公約数、最大公約数を求めることができたかな？

9 分数のたし算とひき算を考えよう　■分数のたし算とひき算

① 分数の大きさ

教科書 122〜128ページ　　答え 10ページ

基本 1 分母も分子もちがう分数の大きさを比べることができますか。

☆ $\frac{1}{2}$ と $\frac{2}{4}$ では、どちらが大きいでしょうか。

とき方 分母も分子もちがう分数の大きさは、数直線や図を使うと比べることができます。

$\frac{1}{2}$ と $\frac{2}{4}$ は大きさの □ 分数です。 **答え** ［　　　］

1 $\frac{3}{4}$ と $\frac{6}{8}$ では、どちらが大きいでしょうか。

📖教科書 124ページ 1

（　　　　　　　　）

基本 2 大きさの等しい分数をつくることができますか。

☆ $\frac{2}{6}$ と大きさの等しい分数を 2 つつくりましょう。

とき方 分母と分子に同じ数をかけたり、分母と分子を同じ数でわったりしてつくります。

$\frac{2}{6} = \frac{\square}{12}$ （×2）　　$\frac{2}{6} = \frac{\square}{3}$ （÷2）　**答え** $\frac{\square}{12}$、$\frac{\square}{3}$

たいせつ
分数は、分母と分子に同じ数をかけても、分母と分子を同じ数でわっても、大きさは変わりません。
$\frac{\triangle}{\bigcirc} = \frac{\triangle \times \square}{\bigcirc \times \square}$　$\frac{\triangle}{\bigcirc} = \frac{\triangle \div \square}{\bigcirc \div \square}$

2 □にあてはまる数を書きましょう。

📖教科書 125ページ 2

① $\frac{4}{5} = \frac{12}{\square}$　　　② $\frac{20}{35} = \frac{\square}{7}$

基本 3 通分ができますか。

☆ $\frac{1}{4}$ と $\frac{5}{6}$ を通分しましょう。

とき方 通分するときは、ふつうそれぞれの分母の最小公倍数を分母にします。4 と 6 の最小公倍数は 12 だから、

$\frac{1}{4} = \frac{1 \times ^{⑦}\square}{4 \times ^{⑦}\square} = \frac{^{⑨}\square}{12}$　　$\frac{5}{6} = \frac{5 \times ^{⑦}\square}{6 \times ^{⑦}\square} = \frac{^{⑦}\square}{12}$　**答え** ［　　］、［　　］

たいせつ
分母のちがういくつかの分数を、大きさを変えないで分母の等しい分数にすることを、**通分**するといいます。

50

 分数を用いた計算は小数よりも古く、およそ 2000 年ほど前から使われていたといわれているよ。

❸ （ ）の中の分数を通分しましょう。 📖 教科書 126ページ ④ 127ページ ⑥

① $\left(\dfrac{2}{7} \quad \dfrac{1}{6}\right)$
　　　　　　（　　　　　　　）

② $\left(\dfrac{2}{3} \quad \dfrac{1}{12}\right)$
　　　　　　（　　　　　　　）

③  $\left(1\dfrac{2}{3} \quad 1\dfrac{1}{2}\right)$
　　　　　　（　　　　　　　）

基本 4 3つの分数の通分ができますか。

☆ $\dfrac{3}{4}$、$\dfrac{5}{6}$、$\dfrac{5}{8}$ を通分しましょう。

とき方 4、6、8 の最小公倍数は □ だから、

$\dfrac{3}{4}=\dfrac{3×^{⑦}\square}{4×^{⑦}\square}=\dfrac{^{⑨}\square}{24}$　　　$\dfrac{5}{6}=\dfrac{5×^{⑦}\square}{6×^{⑦}\square}=\dfrac{^{⑦}\square}{24}$　　　$\dfrac{5}{8}=\dfrac{5×^{⑦}\square}{8×^{⑦}\square}=\dfrac{^{⑦}\square}{24}$

答え □ 、□ 、□

---

❹ （ ）の中の分数を通分しましょう。 📖 教科書 127ページ ⑤

① $\left(\dfrac{1}{3} \quad \dfrac{1}{4} \quad \dfrac{3}{8}\right)$
　　　　　　　　（　　　　　　　）

② $\left(\dfrac{2}{3} \quad \dfrac{3}{5} \quad \dfrac{5}{12}\right)$
　　　　　　　　（　　　　　　　）

基本 5 約分ができますか。

☆ $\dfrac{12}{30}$ を約分しましょう。

とき方 約分するときは、ふつう分母をできるだけ小さくします。

たいせつ
分数の分母と分子をそれらの公約数でわり、分母の小さい分数にすることを、**約分**するといいます。

《1》 30 と 12 の公約数でわっていきます。

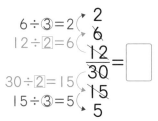

$\dfrac{12}{30}=\square$

《2》 30 と 12 の最大公約数の □ でわります。

$12÷6=2$
$30÷6=5$

$\dfrac{12}{30}=\square$

答え □

分母と分子の最大公約数でわると、1回ですむね。

---

❺ 次の分数を約分しましょう。 📖 教科書 128ページ ⑧

① $\dfrac{4}{6}$
　　　（　　　　　）

② $\dfrac{18}{42}$
　　　（　　　　　）

③ $1\dfrac{16}{24}$
　　　（　　　　　）

ポイント 通分では、分母どうしの最小公倍数を共通の分母にします。
約分では、分母と分子をそれらの公約数でわり、できるだけ分母の小さい分数にします。

9 分数のたし算とひき算を考えよう ■分数のたし算とひき算

学習の目標・
分母のちがう分数のたし算やひき算ができるようになろう！

② **分数のたし算とひき算**

教科書 129～131ページ　答え 11ページ

基本 1　分母のちがう分数のたし算やひき算ができますか。

⭐ 計算をしましょう。

① $\dfrac{1}{3}+\dfrac{1}{4}$　　　② $\dfrac{2}{3}-\dfrac{1}{2}$

とき方　分母のちがう分数のたし算やひき算は、通分して、もとにする分数のいくつ分かを考えると計算できます。

① $\dfrac{1}{3}+\dfrac{1}{4}=\dfrac{4}{\boxed{}}+\dfrac{3}{\boxed{}}=\dfrac{7}{\boxed{}}$　　② $\dfrac{2}{3}-\dfrac{1}{2}=\dfrac{4}{\boxed{}}-\dfrac{3}{\boxed{}}=\dfrac{1}{\boxed{}}$

答え ① $\boxed{}$　② $\boxed{}$

---

1 計算をしましょう。　　📖 教科書 129ページ 1

① $\dfrac{2}{3}+\dfrac{1}{5}$　　② $\dfrac{1}{6}+\dfrac{3}{4}$　　③ $\dfrac{1}{2}-\dfrac{3}{7}$　　④ $\dfrac{8}{9}-\dfrac{5}{6}$

基本 2　答えの約分ができますか。

⭐ $\dfrac{5}{18}+\dfrac{1}{6}$ の計算をしましょう。

とき方　答えが約分できるときは、ふつう約分します。

$\dfrac{5}{18}+\dfrac{1}{6}=\dfrac{5}{18}+\dfrac{\boxed{}}{18}=\boxed{}=\boxed{}$

　　　　　　　　　　　　　　　　　約分する

答え $\boxed{}$

---

2 計算をしましょう。　　📖 教科書 130ページ 2

① $\dfrac{1}{4}+\dfrac{5}{12}$　　　　② $\dfrac{5}{6}-\dfrac{2}{15}$

基本 3　3つの分数のたし算やひき算ができますか。

⭐ $\dfrac{2}{3}+\dfrac{3}{5}-\dfrac{8}{15}$ の計算をしましょう。

とき方　通分して計算します。

$\dfrac{2}{3}+\dfrac{3}{5}-\dfrac{8}{15}=\dfrac{10}{\boxed{}}+\dfrac{9}{\boxed{}}-\dfrac{8}{\boxed{}}=\dfrac{11}{\boxed{}}$

答え $\boxed{}$

  分数で、分母と分子の間に線を書くね。この線を括線というんだよ。

3 計算をしましょう。 教科書 130ページ **3**

① $\dfrac{1}{2}+\dfrac{1}{4}+\dfrac{1}{8}$

② $\dfrac{2}{3}-\dfrac{1}{6}+\dfrac{3}{4}$

③ $\dfrac{2}{5}+\dfrac{11}{15}-\dfrac{7}{10}$

基本 4 帯分数のたし算やひき算ができますか。

☆計算をしましょう。

① $1\dfrac{3}{4}+1\dfrac{2}{3}$

② $3\dfrac{1}{2}-1\dfrac{5}{6}$

とき方 整数どうし、分数どうしで計算します。

① 答えの分数部分が仮分数になったら、整数部分に１くり上げます。

分数どうし

$$1\dfrac{3}{4}+1\dfrac{2}{3}=1\dfrac{9}{12}+1\dfrac{\boxed{}}{12}=2\dfrac{\boxed{}}{12}=\boxed{}$$

整数どうし　　１くり上げる

答え $\boxed{}$

② 分数部分のひき算がそのままではできないときは、整数部分から１くり下げて計算します。

$$3\dfrac{1}{2}-1\dfrac{5}{6}=3\dfrac{3}{6}-1\dfrac{5}{6}$$ 　$\dfrac{3}{6}$ から $\dfrac{5}{6}$ はひけない

１くり下げる 　　分数どうし

$$=2\dfrac{\boxed{}}{6}-1\dfrac{5}{6}=1\dfrac{\boxed{}}{6}=\boxed{}$$

整数どうし　　約分する

 $1=\dfrac{6}{6}$ を使ってくり下げよう。

答え $\boxed{}$

---

4 計算をしましょう。 教科書 131ページ **4** **5**

① $2\dfrac{1}{2}+1\dfrac{2}{5}$

② $1\dfrac{7}{9}+2\dfrac{2}{3}$

③ $2\dfrac{4}{5}+\dfrac{8}{15}$

④ $3\dfrac{7}{8}-2\dfrac{3}{4}$

⑤ $1\dfrac{4}{9}-\dfrac{1}{6}$

⑥ $4\dfrac{2}{15}-2\dfrac{1}{3}$

ポイント 分母のちがう分数のたし算やひき算は、通分してから分子どうしをたしたり、ひいたりします。

練習のワーク①

教科書 122〜133ページ　答え 11ページ

できた数 ／16問中

1 大きさの等しい分数 □にあてはまる数を書きましょう。

① $\dfrac{4}{5} = \dfrac{8}{\square} = \dfrac{\square}{25}$

② $\dfrac{28}{32} = \dfrac{\square}{16} = \dfrac{7}{\square}$

2 通分 （　）の中の分数を通分しましょう。

① $\left(\dfrac{7}{9} \quad \dfrac{1}{2} \right)$ （　　　　　）

② $\left(\dfrac{5}{6} \quad \dfrac{7}{8} \right)$ （　　　　　）

③ $\left(\dfrac{2}{7} \quad \dfrac{9}{14} \right)$ （　　　　　）

④ $\left(\dfrac{1}{3} \quad \dfrac{1}{6} \quad \dfrac{4}{5} \right)$ （　　　　　）

3 分数のたし算とひき算 計算をしましょう。

① $\dfrac{1}{3} + \dfrac{3}{4}$

② $\dfrac{4}{5} + \dfrac{7}{10}$

③ $\dfrac{7}{8} - \dfrac{3}{5}$

④ $\dfrac{1}{4} - \dfrac{1}{12}$

⑤ $1\dfrac{2}{3} + 2\dfrac{1}{6}$

⑥ $1\dfrac{4}{5} + 1\dfrac{1}{2}$

⑦ $3\dfrac{4}{7} - 1\dfrac{1}{3}$

⑧ $2\dfrac{5}{12} - 1\dfrac{7}{9}$

⑨ $\dfrac{6}{7} + \dfrac{1}{2} - \dfrac{2}{3}$

⑩ $\dfrac{11}{12} - \dfrac{5}{8} + \dfrac{1}{4}$

てびき

1 大きさの等しい分数

分数は、分母と分子に同じ数をかけても、分母と分子を同じ数でわっても、大きさは変わりません。

2 通分

分母の最小公倍数を共通の分母にします。

3 分数のたし算とひき算

たいせつ

分母のちがう分数のたし算やひき算は、通分してから計算します。

帯分数のひき算で、そのままでは分数部分のひき算ができないときは、整数部分から1くり下げて計算します。

できるナビ　3つの分数のたし算やひき算は、3つの分数をいちどに通分して計算しよう。

練習のワーク❷

1 大きさの等しい分数　次の分数と大きさの等しい分数を 3 つずつつくりましょう。

① $\dfrac{3}{7}$

② $\dfrac{9}{12}$

（　　　　　）　（　　　　　）

2 約分　次の分数を約分しましょう。

① $\dfrac{12}{21}$　（　　　　　）

② $\dfrac{25}{35}$　（　　　　　）

③ $\dfrac{49}{42}$　（　　　　　）

④ $\dfrac{15}{72}$　（　　　　　）

3 分数のたし算とひき算　計算をしましょう。

① $\dfrac{4}{9}+\dfrac{1}{6}$

② $\dfrac{3}{5}+\dfrac{11}{15}$

③ $\dfrac{6}{7}-\dfrac{3}{5}$

④ $\dfrac{7}{15}-\dfrac{5}{12}$

⑤ $2\dfrac{1}{8}+1\dfrac{5}{6}$

⑥ $1\dfrac{2}{3}+2\dfrac{5}{6}$

⑦ $2\dfrac{7}{10}-1\dfrac{1}{4}$

⑧ $3\dfrac{2}{9}-1\dfrac{7}{18}$

⑨ $\dfrac{1}{2}+\dfrac{3}{5}+\dfrac{2}{3}$

⑩ $\dfrac{5}{6}+\dfrac{3}{8}-\dfrac{7}{12}$

てびき

1 大きさの等しい分数

$\dfrac{\triangle}{\bigcirc}=\dfrac{\triangle\times\square}{\bigcirc\times\square}$

$\dfrac{\triangle}{\bigcirc}=\dfrac{\triangle\div\square}{\bigcirc\div\square}$

2 約分

分母と分子を、それらの最大公約数でわります。

3 分数のたし算とひき算

⑥は、答えの分数部分に注意してね！

できる ナビ　帯分数のたし算やひき算は、整数どうし、真分数どうしを計算するよ。真分数どうしのひき算ができないときは、整数部分から 1 くり下げよう。

55

まとめのテスト❶

時間 **20** 分

得点

／100点

教科書 **122～133ページ**　答え **11ページ**

---

1 □にあてはまる数を書きましょう。　　　　　　　　　　　　　　1つ5〔10点〕

① $\dfrac{1}{2} = \dfrac{\boxed{}}{6}$

② $\dfrac{15}{24} = \dfrac{5}{\boxed{}}$

---

2 （　）の中の分数を通分しましょう。　　　　　　　　　　　　　1つ5〔15点〕

① $\left(\dfrac{1}{3} \quad \dfrac{1}{5}\right)$

② $\left(\dfrac{5}{6} \quad \dfrac{7}{9}\right)$

③ $\left(\dfrac{3}{4} \quad \dfrac{7}{12}\right)$

（　　　　　）　　　　（　　　　　）　　　　（　　　　　）

---

3 よく出る　次の分数を約分しましょう。　　　　　　　　　　　　1つ5〔15点〕

① $\dfrac{6}{9}$

② $\dfrac{45}{36}$

③ $1\dfrac{16}{40}$

（　　　　　）　　　　（　　　　　）　　　　（　　　　　）

---

4 よく出る　計算をしましょう。　　　　　　　　　　　　　　　　1つ5〔50点〕

① $\dfrac{1}{4} + \dfrac{2}{9}$

② $\dfrac{2}{3} + \dfrac{4}{7}$

③ $\dfrac{1}{6} + \dfrac{1}{2}$

④ $1\dfrac{3}{8} + 1\dfrac{2}{7}$

⑤ $\dfrac{7}{8} - \dfrac{1}{3}$

⑥ $\dfrac{5}{6} - \dfrac{2}{9}$

⑦ $\dfrac{14}{15} - \dfrac{3}{5}$

⑧ $3\dfrac{3}{4} - 1\dfrac{1}{2}$

⑨ $\dfrac{1}{3} + \dfrac{1}{4} + \dfrac{3}{8}$

⑩ $\dfrac{2}{5} + \dfrac{1}{2} - \dfrac{1}{6}$

---

5 家から公園までの道のりは $\dfrac{3}{5}$ km、公園から駅までの道のりは $\dfrac{1}{4}$ km です。家から公園の

前を通って駅まで行く道のりは何km ですか。　　　　　　　　　　1つ5〔10点〕

式

答え（　　　　　　　）

□分数を通分することができたかな？
□分数を約分することができたかな？

まとめのテスト❷

得点

/100点

教科書 122〜133ページ　答え 12ページ

1 次のあ〜おのなかで、$\frac{5}{9}$ と大きさの等しいものを全て選びましょう。 〔10点〕

あ $\frac{20}{54}$　　い $\frac{30}{45}$　　う $\frac{45}{81}$　　え $\frac{30}{36}$　　お $\frac{10}{18}$

（　　　　　　　）

2 よく出る □にあてはまる不等号を書きましょう。 1つ5〔15点〕

① $\frac{4}{7}$□$\frac{5}{9}$　　　② $\frac{5}{12}$□$\frac{3}{8}$　　　③ $\frac{4}{15}$□$\frac{3}{10}$

3 次の分数を約分しましょう。 1つ5〔15点〕

① $\frac{21}{27}$　　　② $\frac{48}{60}$　　　③ $1\frac{32}{56}$

（　　　　　　）　　（　　　　　　）　　（　　　　　　）

4 よく出る 計算をしましょう。 1つ5〔50点〕

① $\frac{2}{5}+\frac{1}{6}$　　　　　　　② $\frac{3}{10}+\frac{1}{2}$

③ $\frac{7}{12}+\frac{3}{4}$　　　　　　　④ $1\frac{4}{9}+1\frac{5}{6}$

⑤ $\frac{5}{7}-\frac{1}{4}$　　　　　　　⑥ $\frac{13}{15}-\frac{1}{6}$

⑦ $\frac{5}{8}-\frac{11}{24}$　　　　　　⑧ $3\frac{2}{3}-1\frac{7}{9}$

⑨ $\frac{1}{2}+\frac{7}{10}-\frac{8}{15}$　　　　⑩ $\frac{5}{6}-\frac{2}{3}+\frac{1}{12}$

5 ジュースが $1\frac{1}{8}$ L あります。$\frac{2}{7}$ L 飲むと、残りは何 L になりますか。 1つ5〔10点〕

式

答え（　　　　　　　）

ふろくの「計算練習ノート」13〜17ページをやろう！

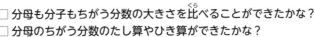

チェック✔ □分母も分子もちがう分数の大きさを比べることができたかな？
□分母のちがう分数のたし算やひき算ができたかな？

57

10 ならした大きさの求め方を考えよう ■平均

① 平均

基本のワーク

教科書 134〜140ページ | 答え 12ページ

基本 1 平均の求め方がわかりますか。

☆ 右の表は、なつみさんが家で 5 日間に飲んだ牛にゅうの量です。平均すると、1 日に何 mL の牛にゅうを飲んだことになりますか。

曜日	月	火	水	木	金
牛にゅう（mL）	70	120	100	150	130

とき方 いくつかの数や量をならして、等しくしたときの大きさを、それらの数や量の □ といいます。平均は、□÷個数で求められます。

（70＋□＋100＋□＋130）÷□＝□

答え □ mL

たいせつ
平均＝合計÷個数

❶ 右のみかん 4 個の重さの平均を求めましょう。 📖教科書 136ページ 1

93g	97g
85g	89g

（　　　　）

基本 2 0 があるときの平均を求めることができますか。

☆ あさこさんは、アサガオのはちを 5 つ持っています。それぞれのはちの花の数を数えたら、右のようでした。5 つのはちにさいた花の数の平均を求めましょう。

はちの番号	①	②	③	④	⑤
さいた花の数（個）	4	7	0	6	5

とき方 5 つの平均を求めるので、花の数が 0 個のはちも数に入れて、5 でわります。

（□＋7＋□＋6＋5）÷5＝□

答え □ 個

たいせつ
平均では人数や個数なども、小数を使って表すことがあります。

❷ あるくつ屋で、月曜日から土曜日までの 6 日間に売れたランニングシューズの数は右のようでした。平均すると、1 日あたり何足売れたといえますか。 📖教科書 137ページ 2

曜日	月	火	水	木	金	土
売れた数（足）	3	5	7	0	9	15

（　　　　）

さんすうはかせ 人数や花の個数などはふつう整数で表すけれど、平均では、3.5 人や 6.2 個のように小数で表すことがあるよ。

☆ 右の表は、5年1組で5日間に欠席した人数と、1日の平均を表したものです。火曜日に欠席した人数は何人ですか。

曜日	月	火	水	木	金	平均
人数(人)	4	?	3	1	2	2.6

とき方 5日間に欠席した人数の合計は、□×5＝13(人)
だから、火曜日に欠席したのは、
13－(4＋□＋1＋2)＝□(人)

平均＝合計÷個数
合計＝平均×個数

答え □ 人

③ たけるさんの3回のテストの得点は、1回目が84点、2回目が72点で、3回の平均が81点でした。3回目の得点は何点ですか。　📖教科書 139ページ❸

(　　　　　　　)

④ ゆうかさんの家では、5か月間で70kgの米を使いました。1年間では約何kgの米を使うと考えられますか。　📖教科書 139ページ❹

(　　　　　　　)

☆ まことさんが10歩歩いた長さを調べたら6.8mでした。
❶ まことさんの歩はばは、平均何mですか。
❷ まことさんが家から図書館まで歩くと475歩でした。まことさんの家から図書館までは、約何mといえますか。

とき方 ❶ はかった長さを歩数でわって、平均を求めます。
□÷10＝□(m)
まことさんの歩はばは、平均□mです。
❷ まことさんは1歩で約□m進むから、475歩で進む長さは、
□×475＝□(m)

答え ❶ □m　❷ 約□m

⑤ りえさんが10歩歩いた長さは5m70cmでした。　📖教科書 140ページ❺
❶ りえさんの歩はばは、平均何mですか。

(　　　　　　　)

❷ りえさんが歩いて公園の周りを1周すると640歩でした。公園の周りの長さは、約何mといえますか。

(　　　　　　　)

ポイント 平均は、合計÷個数で求められます。また、平均と個数がわかっているとき、合計は、平均×個数で求められます。

練習のワーク

1 平均　キウイフルーツが6個あります。それぞれの重さをはかったら、下のようになりました。キウイフルーツ1個の重さは平均何gといえますか。

| 98g　93g　102g　92g　90g　95g |

式

答え（　　　　　　　）

2 平均の利用　次の問題に答えましょう。

❶ 月曜日から金曜日までの5日間に、ある学校で保健室を利用した人数は、次のようでした。1日に平均何人が利用したといえますか。

曜日	月	火	水	木	金
人数（人）	7	0	4	5	8

（　　　　　　　）

❷ 別の週の月曜日から金曜日までの5日間に、この学校で保健室を利用した人数は、1日に平均6.6人でした。金曜日に利用した人数を求めましょう。

曜日	月	火	水	木	金	平均
人数（人）	8	3	5	6	？	6.6

（　　　　　　　）

3 歩はば　はるかさんが10歩歩いたときの長さをはかると、6.2mでした。

❶ はるかさんの歩はばは、平均何mですか。

（　　　　　　　）

❷ はるかさんは、家のろう下を15歩で歩きました。はるかさんの家のろう下の長さは約何mですか。

（　　　　　　　）

1 平均
いくつかの数や量をならして、等しくしたときの大きさを、それらの数や量の平均といいます。

たいせつ
平均
＝合計÷個数

2 平均の利用

ちゅうい
0人の火曜日も「個数」に入れます。

❷ 平均から、月曜日から金曜日までの5日間に利用した人数の合計を求めます。
その値から、わかっている月曜日から木曜日までの4日間に利用した人数の合計をひきます。

3 歩はば
歩はばは、歩くときに1歩で進む長さのことです。

ちゅうい
およその長さを答えるときは、「約」をわすれないようにしましょう。

できるナビ　平均と個数がわかっていれば、合計を求めることができるよ。
平均＝合計÷個数　　合計＝平均×個数

まとめのテスト

時間 20分

得点 /100点

勉強した日 ▶　　月　　日

1 よく出る　下の表は、えいじさんが国語、算数、理科、社会のテストでとった点数をまとめたものです。1科目に平均何点とったといえますか。　〔15点〕

科目	国語	算数	理科	社会
点数(点)	75	98	90	85

(　　　　　　　)

2 下の表は、かなこさんが読んだ本のページ数を、月曜日から金曜日まで記録したものです。　1つ10〔20点〕

曜日	月	火	水	木	金
ページ数(ページ)	15	23	28	?	20

❶　木曜日に本を読まなかったとすると、5日間で1日に平均何ページ読んだといえますか。

(　　　　　　　)

❷　1日に読んだ本のページ数が平均21ページだとすると、木曜日は何ページ読んだことになりますか。

(　　　　　　　)

3 よく出る　みかん6個の重さをはかると540gでした。　1つ10〔20点〕
❶　みかん1個の重さは平均何gといえますか。

(　　　　　　　)

❷　このみかん4.5kgは、約何個分の重さといえますか。

(　　　　　　　)

4 歩はばの平均が0.7mの人が歩いて長さをはかると、たて8歩、横12歩の花だんがあります。　1つ15〔45点〕
❶　たては約何mといえますか。

(　　　　　　　)

❷　横は約何mといえますか。

(　　　　　　　)

❸　この花だんのたてを10歩で歩く人の歩はばは、平均何mですか。

(　　　　　　　)

□ 平均を求めることができたかな？
□ 平均を使って、いろいろな量を求めることができたかな？

ふろくの「計算練習ノート」19ページをやろう！

① 単位量あたりの大きさ

基本のワーク

教科書 142〜148ページ 答え 12ページ

基本 1 混みぐあいを比べることができますか。

☆ 遠足で、グループに分かれてすわりました。A と B では、どちらが混んでいますか。

グループ	シートの広さ(m²)	人数(人)
A	8	10
B	12	16

とき方 《1》 8 と 12 の公倍数 24 に広さをそろえて、人数で比べます。

　　A　10×3=30(人)　　B　16×2=□(人)

《2》 1m² あたりの人数で比べます。

　　A　10÷8=□(人)　　B　16÷12=1.33…(人)

《3》 1人あたりの広さで比べます。

　　A　8÷10=□(m²)　　B　12÷16=□(m²)

　混みぐあいは、シート 1m² あたりの人数や、1人あたりのシートの広さのように、一方の量をそろえると、もう一方の量で比べることができます。

《1》、《2》は人数の多いほうが混んでいるよ。《3》は広さが少ないほうが混んでいるね。

答え □ のグループのほうが混んでいる。

1 北広場には 45m² に 9 人の子どもがいます。南広場には 60m² に 15 人の子どもがいます。どちらが混んでいますか。

📖教科書 143ページ**1**

❶ 1m² あたりの人数で比べましょう。

式

　　　　　　　　　　　　　　　　　答え (　　　　　　　)

❷ 1人あたりの面積で比べましょう。

式

　　　　　　　　　　　　　　　　　答え (　　　　　　　)

基本 2 単位量あたりの大きさがわかりますか。

☆ 6m で 450 円の赤いリボンと、4m で 260 円の白いリボンがあります。どちらのリボンのほうが安いでしょうか。

とき方 1m あたりのねだんで比べます。

　　赤　450÷□=□(円)　　白　260÷□=□(円)

　1m あたりのねだん、ガソリン 1L あたりに走る道のり、1m² あたりのとれ高などを単位量あたりの大きさといいます。

　　　　　　　　　　　　　答え □ リボンのほうが安い。

62

さんすうはかせ 人口密度は、よく「単位面積あたりの人数」と説明されるよ。この場合の単位面積が単位量、つまり 1km² ということだね。

2 Aの自動車は 50L のガソリンで 600km 走り、Bの自動車は 28L のガソリンで 420km 走りました。ガソリンを使う量のわりに、走る道のりが長いのは、どちらの自動車ですか。

📖 教科書 146ページ**2**

(　　　　　　　)

3 東の畑は 15m² で、81kg のとうもろこしがとれました。西の畑は 8m² で、44kg のとうもろこしがとれました。面積のわりにとれ高がよいのはどちらの畑ですか。

📖 教科書 146ページ**2**

(　　　　　　　)

基本 **3** 人口密度を求めることができますか。

☆ 秋田県と埼玉県の人口と面積は、右の表のようになっています。2つの県の人口密度を求めましょう。答えは $\frac{1}{10}$ の位を四捨五入して、整数で求めましょう。

県名	人口(万人)	面積(km²)
秋田県	96	11638
埼玉県	734	3798

とき方 1km² あたりの人口を [　　　　　] といいます。人口密度は、国や都道府県、市町村などに住んでいる人の混みぐあいを表すときに使います。

秋田県　960000÷11638＝82.4…　→ [　　　] 人

埼玉県　7340000÷3798＝1932.5…　→ [　　　] 人

人口密度を比べると、[　　] 県のほうが混んでいることがわかります。

> 人口密度は、人口÷面積(km²)で求められるよ。

答え 秋田県…約 [　　　] 人、埼玉県…約 [　　　] 人

4 愛知県の人口は 754 万人、面積は 5173km² です。　📖 教科書 148ページ**3**

① 愛知県の人口密度を求めましょう。答えは $\frac{1}{10}$ の位を四捨五入して、整数で求めましょう。

(　　　　　　　)

② 秋田県、埼玉県、愛知県のうち、どの県が一番混んでいるといえますか。

(　　　　　　　)

ポイント　問題を考えるときは、何を単位量にするかをはっきりさせましょう。たとえば、求めるものが「1分あたりに出る水の量」ならば、水の量を、時間(分)でわります。

練習のワーク

1 混みぐあい　会議室 A と B の面積と、そこにいる人数は、右のようになっています。どちらの会議室が混んでいますか。

会議室	面積(m²)	人数(人)
A	15	6
B	18	8

(　　　　　　　　　)

2 人口密度　北海道の小樽市と釧路市の人口と面積は、右のようになっています。それぞれの人口密度を求めましょう。答えは $\frac{1}{10}$ の位を四捨五入して、整数で求めましょう。

市	人口 (万人)	面積 (km²)
小樽市	11	244
釧路市	17	1363

小樽市 (　　　　　　　　)
釧路市 (　　　　　　　　)

3 単位量あたりの大きさ①　3 さつで 360 円の赤いノートと、5 さつで 590 円の青いノートがあります。

❶　赤いノートの 1 さつあたりのねだんを求めましょう。
(　　　　　　　　)

❷　青いノートの 1 さつあたりのねだんを求めましょう。
(　　　　　　　　)

❸　1 さつあたりのねだんは、どちらが安いといえますか。
(　　　　　　　　)

4 単位量あたりの大きさ②　25 本の重さが 40 g のくぎがあります。このくぎ 70 本の重さは何 g ですか。

(　　　　　　　　)

5 単位量あたりの大きさ③　2.8 L のガソリンで、42 km 走る自動車があります。この自動車で 240 km 走るには、何 L のガソリンが必要ですか。

(　　　　　　　　)

てびき

1 混みぐあい
1 m² あたりの人数や 1 人あたりの面積で比べます。

2 人口密度

たいせつ
人口密度
＝人口÷面積
↑
単位 km²

4 単位量あたりの大きさ
まず、くぎ 1 本あたりの重さを求めます。

5 単位量あたりの大きさ
まず、ガソリン 1 L あたりに走る道のりを求めます。

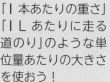
「1 本あたりの重さ」「1 L あたりに走る道のり」のような単位量あたりの大きさを使おう！

できるナビ　面積も人口もちがう県や都市などの混みぐあいを比べるときに人口密度を使おう。

まとめのテスト

時間 20分

得点
／100点

1 右の表は、2つの小学校の児童の人数と運動場の面積を調べたものです。全部の児童がそれぞれの運動場に出たとき、次の問題に答えましょう。

1つ8〔40点〕

	人数(人)	運動場の面積(m^2)
北小学校	940	26000
南小学校	870	17000

❶ それぞれの運動場 $1 m^2$ あたりの人数を、四捨五入して $\frac{1}{100}$ の位までのがい数で求めましょう。　　北小学校（　　　　　）　南小学校（　　　　　）

❷ それぞれの1人あたりの運動場の面積を、四捨五入して一の位までのがい数で求めましょう。　　北小学校（　　　　　）　南小学校（　　　　　）

❸ 混んでいるのはどちらの小学校ですか。　　　　　　（　　　　　）

2 よく出る ある町の面積は $34 km^2$ で、人口は 13820 人です。この町の人口密度を、$\frac{1}{10}$ の位を四捨五入して整数で求めましょう。

1つ6〔12点〕

式

答え（　　　　　）

3 右の表は、ゆうじさんとようこさんがかべにペンキをぬったときに使ったペンキの量と、ぬった面積を表しています。

1つ8〔24点〕

	ペンキの量(dL)	面積(m^2)
ゆうじさん	12	7.2
ようこさん	14	9.1

❶ それぞれの $1 m^2$ あたりに使ったペンキの量を、四捨五入して $\frac{1}{10}$ の位までのがい数で求めましょう。

ゆうじさん（　　　　　）　ようこさん（　　　　　）

❷ ペンキを使う量のわりに、広い面積をぬることができたのはどちらですか。

（　　　　　）

4 5本で320円のえん筆があります。

1つ4〔24点〕

❶ 1本あたりのねだんを求めましょう。

式　　　　　　　　　　　　　　　　答え（　　　　　）

❷ 1ダースの代金はいくらですか。

式　　　　　　　　　　　　　　　　答え（　　　　　）

❸ 1600円では何本買うことができますか。

式　　　　　　　　　　　　　　　　答え（　　　　　）

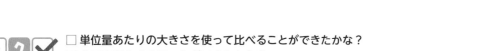

チェック✓
□ 単位量あたりの大きさを使って比べることができたかな？
□ 人口密度を求めることができたかな？

65

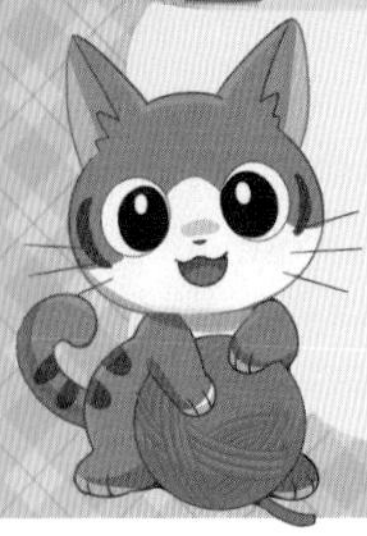

① わり算と分数
② 分数倍

基本のワーク

学習の目標・
わり算の商や何倍かを、分数で表すことができるようになろう!

教科書 154〜158ページ 答え 13ページ

基本 1 商を分数で表すことができますか。

☆ 5Lのジュースを6人で等分します。1人分は何Lになりますか。

とき方 下の図のように、5Lを6等分した1つ分の量は、$\frac{1}{6}$ L の5つ分です。

5Lを6等分

➡ 5÷6

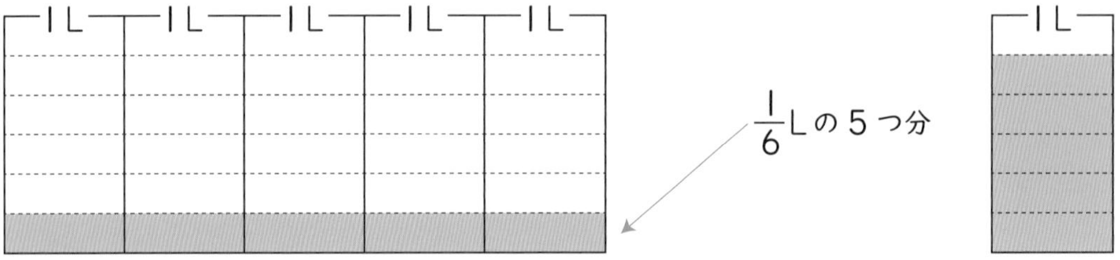

1L 1L 1L 1L 1L

$\frac{1}{6}$ L の5つ分

1L

5÷6の商を分数で表すと、5÷6=$\frac{\square}{6}$

たいせつ

整数○を、整数△でわった商は、分数で表すことができます。

○÷△=$\frac{○}{△}$

5÷6を小数で表すと
5÷6=0.833…となって
わりきれないけれど、
分数だと正確に表すことが
できるね。

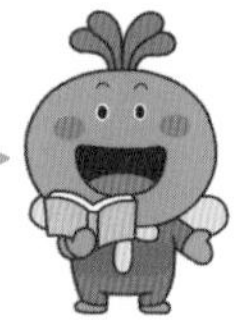

答え $\square$ L

1 次のわり算の商を分数で表しましょう。

📖教科書 157ページ 1

① 1÷4

② 8÷5

( )

( )

③ 7÷16

④ 11÷9

( )

( )

2 次の□にあてはまる数を書きましょう。

📖教科書 157ページ 2

① $\frac{3}{8}$=3÷$\square$

② $\frac{10}{7}$=$\square$÷7

③ $\frac{4}{15}$=$\square$÷15

④ $\frac{13}{12}$=13÷$\square$

さんすうはかせ 5を6でわった商 0.833…や、1を11でわった商 0.0909…のように、あるけたから先で同じ数字がくり返される小数を、循環小数というよ。

基本 ❷ 分数倍がわかりますか。

☆ 右のような水の入ったＡ、Ｂ、Ｃの入れ物があります。
ＡとＣの水の量は、それぞれＢの水の量の何倍ですか。
分数で答えましょう。

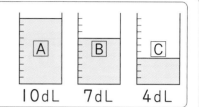

10dL　7dL　4dL

とき方 何倍かを求めるときには、わり算を使います。

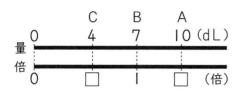

```
            C   B   A
       0    4   7   10 (dL)
  量
  倍
       0   □   1   □   (倍)
```

A [　　]÷[　　]=[　　](倍)

C [　　]÷[　　]=[　　](倍)

何倍を表す数が１より
小さくなることもあるよ。

 **たいせつ**

$\frac{5}{4}$倍や$\frac{4}{5}$倍のように、
何倍かを表す数が分数に
なることがあります。

答え A [　　]倍、C [　　]倍

---

❸ 赤いリボンの長さは 9 m、青いリボンの長さは 8 m です。　　📖 **教科書** 158ページ**1**

❶ 赤いリボンの長さは、青いリボンの長さの何倍ですか。

式

答え（　　　　　　　　）

❷ 青いリボンの長さは、赤いリボンの長さの何倍ですか。

式

答え（　　　　　　　　）

❹ たてが 30 cm、横が 18 cm の長方形があります。　　📖 **教科書** 158ページ**1**

❶ たての長さは、横の長さの何倍ですか。

式

答え（　　　　　　　　）

❷ 横の長さは、たての長さの何倍ですか。

式

答え（　　　　　　　　）

ポイント 分数を使うと、わりきれるわり算の商も、わりきれないわり算の商も、正確に表すことがで
きます。

③ 分数と小数、整数

基本のワーク

教科書 159〜161ページ　答え 13ページ

基本 1　分数を小数で表すことができますか。

☆ 次の分数を小数で表しましょう。わりきれないときは、四捨五入して $\frac{1}{100}$ の位まで

のがい数で表しましょう。

● $\frac{1}{5}$　　　　　　　　② $\frac{8}{3}$

とき方　分子を分母でわります。

● $\frac{1}{5} = \boxed{} \div \boxed{} = \boxed{}$　　　② $\frac{8}{3} = 8 \div 3 = 2.666\cdots$　→ 四捨五入する → $\boxed{}$

答え ● $\boxed{}$　② $\boxed{}$

---

1 次の分数を小数で表しましょう。わりきれないときは、四捨五入して $\frac{1}{100}$ の位までのがい

数で表しましょう。

教科書 159ページ 1

● $\frac{3}{10}$ (　　　　　)　② $2\frac{1}{4}$ (　　　　　)　③ $1\frac{7}{11}$ (　　　　　)

2 □にあてはまる等号か不等号を書きましょう。

教科書 159ページ 2

● $\frac{3}{5} \boxed{} 0.7$　　　② $2.75 \boxed{} \frac{11}{4}$　　　③ $\frac{4}{7} \boxed{} 0.56$

基本 2　小数を分数で表すことができますか。

☆ 次の小数を分数で表しましょう。
● 0.7　　　　　　　　② 0.13

とき方 $\frac{1}{10}$ や $\frac{1}{100}$ などのいくつ分かを考えます。

● 0.7　　0 0.1　　0.7　1
　　　　　0 $\frac{1}{10}$　□

$\frac{1}{10}$ の $\boxed{}$ 個分 ➡ $\frac{\boxed{}}{10}$

② 0.13　　0 0.01　　0.1 0.13
　　　　　0 $\frac{1}{100}$　　　□

$\frac{1}{100}$ の $\boxed{}$ 個分 ➡ $\frac{\boxed{}}{100}$

たいせつ
小数は、10、100 などを分母にした分数で表せます。

答え ● $\boxed{}$　② $\boxed{}$

さんすうはかせ　0.666…や円周率 3.1415926…のように、かぎりなく数字が続く小数を無限小数とい
うよ。無限小数のうち、循環小数は分数で表せるんだ。

③ 次の小数や整数を、分数で表しましょう。 📖 教科書 160ページ ③

① 0.3 （　　　　　） ② 2.7 （　　　　　）

③ 0.61 （　　　　　） ④ 0.09 （　　　　　）

⑤ 2 （　　　　　） ⑥ 6 （　　　　　）

> 整数は、１を分母にすれば、いちばんかんたんな分数で表せるよ。

基本 ③ 分数と小数が混じったたし算やひき算ができますか。

☆ 計算をしましょう。

① $\dfrac{1}{2}+0.1$　　　　　② $0.8-\dfrac{2}{3}$

とき方 分数と小数が混じったたし算やひき算は、分数か小数にそろえて計算します。分数を小数で正確に表せないときは、分数にそろえて計算します。

① 《１》 $\dfrac{1}{2}+0.1=0.5+0.1$
　　　　　　　　　└─ 小数にそろえる
　　　　$=\boxed{}$

《２》 $\dfrac{1}{2}+0.1=\dfrac{1}{2}+\dfrac{1}{10}$　分数にそろえる

$=\dfrac{\boxed{}}{10}+\dfrac{1}{10}=\dfrac{6}{10}=\boxed{}$

② 約分する

$0.8-\dfrac{2}{3}=\dfrac{8}{10}-\dfrac{2}{3}=\boxed{}-\dfrac{2}{3}$

$=\boxed{}-\dfrac{10}{15}$

$=\boxed{}$

> $\dfrac{2}{3}$は、小数で正確に表せないから、分数にそろえよう。

答え ① $\boxed{}$ または $\boxed{}$ ② $\boxed{}$

---

④ 計算をしましょう。 📖 教科書 161ページ ④

① $\dfrac{1}{5}+0.3$　　　② $0.5+\dfrac{3}{8}$　　　③ $0.2+\dfrac{4}{7}$

④ $\dfrac{5}{6}-0.5$　　　⑤ $1.7-\dfrac{5}{4}$　　　⑥ $\dfrac{7}{3}-1.9$

ポイント 分数を小数になおすには、$\dfrac{○}{△}=○÷△$の関係を使って、分子を分母でわるよ。小数を分数になおすには、10や100を分母にするよ。

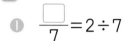

練習のワーク

教科書 154〜163ページ　答え 13ページ

1 わり算と分数　次の□にあてはまる数を書きましょう。

① $\dfrac{\square}{7}=2\div7$　② $\dfrac{8}{\square}=8\div3$　③ $\dfrac{1}{6}=1\div\square$

④ $\dfrac{7}{4}=\square\div4$　⑤ $\dfrac{\square}{\square}=7\div11$　⑥ $\dfrac{9}{13}=\square\div\square$

2 分数と小数　次の分数を小数で表しましょう。わりきれないときは、四捨五入して $\dfrac{1}{100}$ の位までのがい数で表しましょう。

① $\dfrac{2}{9}$　　② $\dfrac{11}{15}$　　③ $\dfrac{12}{5}$

（　　　）（　　　）（　　　）

④ $\dfrac{17}{10}$　　⑤ $1\dfrac{1}{4}$　　⑥ $1\dfrac{5}{9}$

（　　　）（　　　）（　　　）

3 分数と小数、整数　次の小数や整数を分数で表しましょう。

① 0.9　　② 0.31　　③ 0.75

（　　　）（　　　）（　　　）

④ 1.24　　⑤ 1　　⑥ 10

（　　　）（　　　）（　　　）

4 分数と小数が混じったたし算やひき算　計算をしましょう。

① $0.6+\dfrac{3}{5}$　　② $\dfrac{17}{6}+1.25$

③ $3.8-\dfrac{22}{15}$　　④ $\dfrac{8}{9}-0.8$

5 分数倍　400gのグレープフルーツと120gのみかんがあります。グレープフルーツの重さは、みかんの重さの何倍ですか。

式

答え（　　　　　）

てびき

1 わり算と分数

たいせつ
$\bigcirc\div\triangle=\dfrac{\bigcirc}{\triangle}$

2 分数⇨小数
上の関係を使って、分子を分母でわります。

3 小数⇨分数
10、100などを分母とする分数で表し、約分できるときは約分します。

4 分数と小数が混じったたし算やひき算
小数を分数になおしてから計算しましょう。

小数できちんと表せない分数もあるから分数にそろえるんだね。

5 分数倍
何倍かを表すときにも分数を使うことがあります。

できるナビ　分数を小数になおす。➡分子を分母でわる。
小数を分数になおす。➡ 10や100などを分母にする。

まとめのテスト

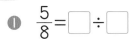

時間 **20** 分

得点

/100点

1 次の□にあてはまる数を書きましょう。　　　　　　　　　　　1つ5〔10点〕

① $\dfrac{5}{8} = \boxed{} \div \boxed{}$

② $6 \div 19 = \dfrac{\boxed{}}{\boxed{}}$

2 よく出る 分数は小数や整数で、小数は分数で表しましょう。　1つ3〔24点〕

① $\dfrac{21}{10}$　　② $2\dfrac{2}{5}$　　③ $\dfrac{48}{6}$　　④ $\dfrac{72}{8}$

（　　　　）（　　　　）（　　　　）（　　　　）

⑤ 0.6　　⑥ 0.25　　⑦ 1.2　　⑧ 2.36

（　　　　）（　　　　）（　　　　）（　　　　）

3 次の分数のうち、小数できちんと表せるものを全て選びましょう。　〔10点〕

㋐ $\dfrac{1}{11}$　　㋑ $\dfrac{5}{6}$　　㋒ $\dfrac{6}{5}$　　㋓ $\dfrac{5}{3}$　　㋔ $1\dfrac{3}{8}$　　㋕ $2\dfrac{1}{4}$

（　　　　　　　）

4 よく出る 計算をしましょう。　　　　　　　　　　　　　　1つ6〔18点〕

① $0.8 + \dfrac{3}{4}$　　② $\dfrac{14}{9} + 0.3$　　③ $\dfrac{8}{5} + 1.2$

5 下の数直線で、↑が表す数を小数と分数で書きましょう。　1つ5〔20点〕

① 0.6　　　　　　　　0.7

② 1　　　　　　　　　　2

小数（　　　）分数（　　　）　　小数（　　　）分数（　　　）

6 右の図を見て、分数で答えましょう。　　　　　　　　　　1つ6〔18点〕

① ㋐のえん筆の長さは、㋑のえん筆の長さの何倍ですか。

（　　　　　　　）

② ㋑のえん筆の長さは、㋒のえん筆の長さの何倍ですか。

（　　　　　　　）

③ ㋒のえん筆の長さは、㋐のえん筆の長さの何倍ですか。

（　　　　　　　）

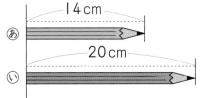

14 cm　　㋐

20 cm　　㋑

㋒

9 cm

チェック✓ □ わり算の商を分数で表すことができたかな？
□ 分数を小数で表したり、小数を分数で表したりすることができたかな？

学習の目標・
割合の意味がわかり、百分率で表すことができるようになろう！

① 割合と百分率

基本のワーク

教科書 164〜170ページ　　答え 14ページ

基本 1 割合を求めることができますか。

☆ ある町にA、B2つのサッカーチームがあり、どちらのチームも市のサッカー大会に参加しています。これまで、Aチームは5回試合をして3回勝ちました。Bチームは8回試合をして6回勝ちました。それぞれの勝った割合を求めましょう。

とき方 もとにする量を1とみたとき、比べる量がどれだけにあたるかを表した数を割合といいます。

たいせつ
割合＝比べる量÷もとにする量

➡ $3 ÷ \boxed{} = \boxed{}$

Bチームのほうが成績がよいといえるね。

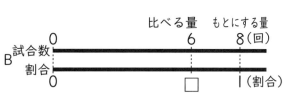

➡ $\boxed{} ÷ \boxed{} = \boxed{}$

答え Aチーム… $\boxed{}$ 、Bチーム… $\boxed{}$

1 まさとさんとりえさんが玉入れをしました。まさとさんは20個投げて13個入り、りえさんは15個投げて9個入りました。それぞれの玉が入った割合を求めましょう。

📖教科書 167ページ **1**

まさとさん（　　　　　　　）　りえさん（　　　　　　　）

基本 2 割合を百分率で表すことができますか。

☆ 定員75人のバスに15人が乗っています。乗客の数は、定員の何％ですか。

とき方 割合を表す数0.01を1パーセントといい、1％と書きます。このような割合の表し方を百分率といいます。

定員を1とみたときの、乗客の数の割合を
小数で求めると、

$15 ÷ \boxed{} = \boxed{}$

　比べる量　　もとにする量

小数で表した割合を百分率で表すと、

$\boxed{} × \boxed{} = \boxed{}$ （％）

小数で表した割合を100倍すると、百分率になるよ。

割合を表す数	1	0.1	0.01	0.001
百分率	100%	10%	1%	0.1%

答え $\boxed{}$ ％

さんすうはかせ 「％」の記号は、「100あたり」という意味のイタリア語からできたんだ。全体を100としたとき、どのくらいかを表す記号だからね。

2 次の小数で表された割合を百分率で、百分率で表された割合を小数で表しましょう。

① 0.28

② 0.9

③ 0.04

(   )   (   )   (   )

④ 55％

⑤ 60％

⑥ 7％

(   )   (   )   (   )

3 1丁400gに340gの水分がふくまれているとうふがあります。水分の量は、とうふ全体の量の何％ですか。　　　　　　　　　　　　　教科書 169ページ 3

(   )

基本3 100％より大きい割合がわかりますか。

☆ 1両の定員が156人の電車があります。この電車の1両目には117人、2両目には195人が乗っています。乗客の数は、それぞれ定員の何％ですか。

とき方

比べる量（1両目の人数）　もとにする量　比べる量（2両目の人数）

| | 117 | 156 | 195 | （人） |

人数　0

割合　0　　　　　　□　　　1　　　□　（割合）

1両目 ➡ $117 ÷ 156 × 100 = \boxed{}$ （％）

2両目 ➡ $\boxed{} ÷ \boxed{} × \boxed{} = \boxed{}$ （％）

百分率になおす

割合は100％より大きくなることもあるよ。

答え 1両目…\boxed{}％、2両目…\boxed{}％

4 次の小数や整数で表された割合を百分率で、百分率で表された割合を小数で表しましょう。

教科書 170ページ 4

① 1.6

② 2

③ 3.04

(   )   (   )   (   )

④ 105％

⑤ 180％

⑥ 217％

(   )   (   )   (   )

5 地いきの行事でアニメーションの上映会の参加者をぼ集したところ、60人の定員に対して、147人の希望者が集まりました。希望者の数は、定員の何％ですか。　教科書 170ページ 5

(   )

ポイント 比べる量がもとにする量より大きいとき、割合は100％より大きくなります。

13 比べ方を考えよう ■割合

② 割合の使い方
③ 歩合
基本のワーク

学習の目標・
割合の考え方を使って、いろいろな問題がとけるようになろう！

教科書 171〜177ページ　　答え 14ページ

基本 1　比べる量を求めることができますか。

☆ 南小学校の全児童数は 480 人で、全体の 30％ にあたる人がめがねをかけています。めがねをかけている人は何人ですか。

とき方　480 人の 30％ は、480 人の □ 倍ということです。

□ × □ = □

比べる量
（めがねをかけている人）

もとにする量
（全児童数）

```
          0       □                    480   （人）
人数  ┣━━━━━━┿━━━━━━━━━━━━┫
割合  ┣━━━━━━┿━━━━━━━━━━━━┫
      0      0.3                    1   （割合）
```

たいせつ
割合＝比べる量÷もとにする量
↓
比べる量＝もとにする量×割合

答え □ 人

1 漢字テストの問題は 150 問です。さやかさんは問題全体の 82％ に正解しました。正解したのは何問ですか。

📖 教科書 171ページ **1**

式

答え（　　　　　　）

基本 2　もとにする量を求めることができますか。

☆ ゆいさんは、コップに入っている牛にゅうを 120mL 飲みました。これは、コップに入っていた牛にゅう全体の量の 60％ にあたります。はじめにコップに入っていた牛にゅうの量は何 mL ですか。

とき方　もとにする量を □ とすると、

□ × 0.6 ＝ 120

□ ＝ □ ÷ □ ＝ □

比べる量　もとにする量
（飲んだ量）（全体の量）

```
          0            120       □  （mL）
量    ┣━━━━━━┿━━━━━┿━━┫
割合  ┣━━━━━━┿━━━━━┿━━┫
      0           0.6      1  （割合）
```

答え □ mL

2 ひろしさんの家から学校までの道のりは 980m です。これは、ひろしさんの家から駅までの道のりの 70％ にあたるそうです。ひろしさんの家から駅までの道のりは何 m ですか。

📖 教科書 173ページ **2**

式

答え（　　　　　　）

74

　野球の打率は 3 割 2 分 5 厘などと表すよ。これを歩合っていうんだ。また、お店のセールでは 2 割引きや 20％ 引きなどと両方を使うよ。割合の表し方はいろいろあるね。

基本③ 割引された後のねだんを求めることができますか。

☆ 定価900円の筆箱を、15%引きで買いました。筆箱のねだんはいくらですか。

とき方 《Ⅰ》 定価の15%は、

900×0.15=□(円)

900−□=□(円)

《2》 定価の15%引きは、

定価の(Ⅰ−□)倍

900×(Ⅰ−□)

=900×□=□(円)

答え □ 円

[図：ねだん 0 □ 900(円)、割合 0 0.15 Ⅰ(割合)]

[図：ねだん 0 □ 900(円)、割合 0 Ⅰ−0.15 Ⅰ(割合)]

③ しんごさんのこづかいは先月まで1200円で、今月は先月より5%増えたそうです。今月のこづかいはいくらですか。

📖**教科書** 175ページ **6**

5%増えているので、今月のこづかいは、先月の1.05倍だね！

(　　　　　　　　)

④ 定価の30%引きでシャツを買ったら、2100円でした。このシャツの定価はいくらですか。

📖**教科書** 176ページ **7**

(　　　　　　　　)

⑤ シャンプーが、もとの量から20%増量して売られています。増量後の量は420mLです。もとの量は何mLでしたか。

📖**教科書** 176ページ **8**

(　　　　　　　　)

基本④ 歩合がわかりますか。

☆ あるサッカーチームは、10試合して、6試合勝ちました。勝った試合の割合を歩合で求めましょう。

とき方 割合を表す小数0.1を1割と表すことがあります。このような割合の表し方を歩合といいます。

6÷□=□

小数で表した割合を歩合で表すと、□割になります。

割合を表す数	Ⅰ	0.1	0.01	0.001
歩合	10割	Ⅰ割	Ⅰ分	Ⅰ厘
百分率	100%	10%	1%	0.1%

答え □

⑥ 定価3600円のサッカーボールが3割引きで売られています。サッカーボールのねだんはいくらですか。

📖**教科書** 177ページ **2**

(　　　　　　　　)

ポイント 割増し、割引の問題では、Ⅰから割合をひいたり、たしたりして計算します。たとえば、1000円の25%引きは、1000×(Ⅰ−0.25)=750(円)です。

練習のワーク

教科書 164〜179ページ　　答え 15ページ

1 百分率 次の小数で表された割合を百分率で、百分率で表された割合を小数で表しましょう。

① 0.49 （　　　　）　　② 1.01 （　　　　）

③ 84％ （　　　　）　　④ 30％ （　　　　）

2 割合を百分率で求める問題 りょうさんは 120 ページの本を 72 ページまで読みました。りょうさんが読んだページ数は本全体の何％ですか。

（　　　　）

3 比べる量を求める問題 塩分が 8％ ふくまれている梅ぼしがあります。この梅ぼし 450g には、何g の塩分が入っていますか。

（　　　　）

4 もとにする量を求める問題 今年理科クラブに入った人数は 42 人で、これは去年の人数の 120％ だそうです。去年理科クラブに入った人数は何人ですか。

（　　　　）

5 割合の問題 定価 3000 円のゲームが、15％ 引きのねだんで売られています。ゲームのねだんはいくらですか。

（　　　　）

6 増量前の量を求める問題 ケチャップが、もとの量の 8％ を増量して売られています。増量後の重さは 378g です。もとの量は何g でしたか。

（　　　　）

7 歩合 ひとみさんが入っているバスケットボールチームは、15 試合して 6 試合勝ちました。勝った試合の割合を歩合で求めましょう。

（　　　　）

てびき

1 百分率

割合		百分率
1	——	100％
0.1	——	10％
0.01	——	1％

2 割合を百分率で求める問題

たいせつ
割合
＝比べる量÷
　もとにする量

3 比べる量を求める問題

たいせつ
比べる量
＝もとにする量
　　×割合

ちゅうい
割合が百分率で表されているときは、割合を小数になおしてから計算しましょう。

4 もとにする量を求める問題
もとにする量を□として、かけ算の式をつくります。

7 歩合

割合		歩合
1	——	10割
0.1	——	1割
0.01	——	1分

できるナビ どの問題でも、まず、もとにする量はどれか、比べる量はどれかをはっきりさせよう。

まとめのテスト

得点 /100点

教科書 164～179ページ　答え 15ページ

1 下の表のあいているらんをうめましょう。 1つ3〔15点〕

割合を表す小数や整数	0.01	❷( )	0.7	❹( )	1.2
百分率	❶( )	15.5％	❸( )	20.3％	❺( )

2 よく出る □にあてはまる数を書きましょう。 1つ5〔30点〕

❶ 7cm は 25cm の □ ％

❷ 112g は 80g の □ ％

❸ 12人の 125％ は □ 人

❹ 13個は □ 個の 65％

❺ 45L の 40％ は □ L

❻ 161cm² は □ cm² の 115％

3 バスケットボールのシュート練習でひろしさんは 40 回投げて、36 回入りました。また、まことさんは 60 回投げて、51 回入りました。 1つ5〔15点〕

❶ ひろしさんのシュートが入った割合を、百分率で答えましょう。

( )

❷ まことさんのシュートが入った割合を、百分率で答えましょう。

( )

❸ ひろしさんとまことさんでは、どちらのほうがシュートの成績がよいといえますか。

( )

4 人間の体にある血液の量は、体重の約 8％ だそうです。体重 50kg の人の血液の量は、約何 kg ですか。 〔10点〕

( )

5 A 店でセーターを定価の 25％引きで買ったら、4200 円でした。 1つ10〔30点〕

❶ セーターの定価はいくらですか。

( )

❷ B 店では、このセーターがA 店の定価より 30％ 安いねだんで売られていました。B 店でのセーターのねだんはいくらですか。

( )

❸ C 店では、このセーターは 4760 円で売られていました。A 店の定価より何％ 安いねだんで売られていましたか。

( )

 チェック ✔ □割合を求めることができたかな？
□百分率、歩合の表し方がわかったかな？

ふろくの『計算練習ノート』25～26ページをやろう！

勉強した日 〉 月 日

① 帯グラフと円グラフ [その1]

基本のワーク

| 教科書 181〜185ページ | 答え 15ページ |

学習の目標・
帯グラフと円グラフの
見方がわかるようにな
ろう！

基本 1 帯グラフの見方がわかりますか。

☆ 右の帯グラフは、ある年の
ももの県別とれ高の割合を
表したものです。

❶ 山梨県のとれ高は、全体の
約何分の一ですか。

❷ 福島県のとれ高の割合は、全体の何％ ですか。

ももの県別とれ高の割合

| 山梨県 | 福島県 | 長野県 | 山形県 | その他 |

0   50   100(%)

（合計 10 万 7300 t）

とき方 ❶ 山梨県のとれ高の割合は [　] ％ だから、全体の約 $\dfrac{1}{\boxed{}}$

❷ 福島県のグラフの両はしのめもりから、

55 − [　] = [　] (%)

たいせつ
全体を長方形で表し、各部分の割合がわ
かるように区切ったグラフを**帯グラフ**と
いいます。

答え ❶ 約 $\dfrac{1}{\boxed{}}$ ❷ [　] ％

1 基本1 の帯グラフを見て答えましょう。

📖教科書 182ページ1

❶ 山形県の割合は、全体の何％ ですか。

（　　　　）

❷ 福島県の割合は、山形県の割合の約何倍ですか。

（　　　　）

基本 2 円グラフの見方がわかりますか。

☆ 右の円グラフは、ある年のごぼうの県別とれ高の割合を
表したものです。

❶ 青森県と茨城県を合わせたとれ高は、全体の約何分の
一ですか。

❷ 青森県のとれ高は何 t ですか。

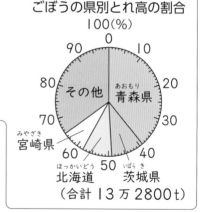

ごぼうの県別とれ高の割合

その他　青森県　宮崎県　北海道　茨城県

（合計 13 万 2800 t）

とき方 ❶ 青森県と茨城県を合わせたとれ高の割合は

[　] ％ だから、全体の約 $\dfrac{1}{\boxed{}}$

❷ 青森県の割合は [　] ％ だから、

132800 × [　] = [　]

答え ❶ 約 $\dfrac{1}{\boxed{}}$ ❷ [　] t

たいせつ
全体を円で表し、各部分の割合がわかる
ように区切ったグラフを**円グラフ**といい
ます。

78

 円グラフは、その表し方が、まるいパイを中心から切り分けたように見えることから、
「パイチャート」ともよばれるよ。

2 基本**2** の円グラフを見て答えましょう。　教科書 182ページ**1**

❶　北海道の割合は、全体の何 % ですか。

（　　　　　　　）

❷　宮崎県のとれ高は何 t ですか。

（　　　　　　　）

基本**3**　ならんだ帯グラフの見方がわかりますか。

☆　下のグラフは、ある市の土地の種類別の面積を表したものです。

種類別土地の面積の割合の変化

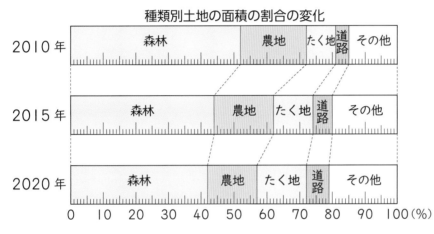

❶　2015 年の農地の割合は何 % ですか。

❷　住たく用の土地をたく地といいます。2015 年から 2020 年までで、たく地の割合は増えていますか、減っていますか。

とき方　❶　基本**1** の帯グラフと同じように見ます。

$62 - \boxed{} = \boxed{}$（%）

❷　帯グラフのたく地の部分が長くなっていれば増え、短くなっていれば減っています。2020 年は 2015 年より $\boxed{}$ くなっているから、たく地は $\boxed{}$ ています。

帯グラフをいくつかならべると、割合がどう変化したかがわかりやすくなるね。

答え ❶　$\boxed{}$ %　❷　$\boxed{}$

---

3 基本**3** のグラフを見て答えましょう。　教科書 184ページ**2**

❶　2010 年から 2020 年までで、割合が増えたのはどれですか。たく地とその他以外で答えましょう。

（　　　　　　　）

❷　この市の全体の面積は 280 km² です。2010 年から 2020 年までで、森林の面積は何 km² 減りましたか。

（　　　　　　　）

ポイント　帯グラフや円グラフは、全体をもとにした各部分の割合を見たり、部分どうしの割合を比べたりするのに便利です。

14 割合をグラフに表そう ■帯グラフと円グラフ

① 帯グラフと円グラフ [その2]
② グラフの選び方

基本のワーク

教科書 186〜191ページ 答え 15ページ

基本 1 帯グラフや円グラフをかくことができますか。

☆ 右の表は、まいさんの家の1か月の予算を、費目別に表したものです。これを帯グラフと円グラフに表しましょう。

1か月の予算	
食 費	84000 円
住居費	65000 円
教育費	52000 円
衣服費	27000 円
その他	72000 円
合 計	300000 円

とき方 ①費目ごとの割合を百分率で表します。このとき、割合の合計が100%になるようにします。

食費　　84000÷300000＝0.28 → 28%

住居費　65000÷ [　　] ＝0.216…→ 22%

教育費　[　　] ÷ [　　] ＝0.173…→ 17%

衣服費　[　　] ÷ [　　] ＝ [　　] → [　　] %

その他　72000÷300000＝0.24 → 24%

②割合の大きい順に目もりを区切って、費目名を書きます。その他は最後に書きます。

③表題と合計を書きます。

割合の合計は100%になったね。

[　　　　]の割合

食費	

0 50 100(%)

（合計 [　　　　] 円）

円グラフは右まわりに区切っていくんだよ。

[　　　　]の割合

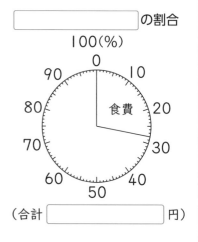

100(%)
0
90　　　　10
80　食費　20
70　　　　30
60　　　　40
50

（合計 [　　　　] 円）

答え 上の図に記入

① 右の表は、ひろきさんの学校で、10月に図書室を利用した人の数を学年別にまとめたものです。これを帯グラフに表しましょう。 📖教科書 186ページ4

[　　　　　　　　　　]の割合

0 50 100(%)

（合計 [　　] 人）

学年別の図書室の利用者数（10月）

学 年	人数（人）	百分率（%）
1年生	90	
2年生	109	
3年生	135	
4年生	180	
5年生	197	
6年生	189	
合 計	900	

さんすうはかせ 帯のことを英語でband（バンド）といい、帯グラフをband graph（バンドグラフ）というんだよ。

❷ 下の表は、ある家庭が1年間に出したごみの種類別の重さ
をまとめたものです。これを円グラフに表しましょう。

📖 教科書 186ページ 4

ごみの重さ

ごみの種類	可燃ごみ (か ねん)	資げんごみ (し)	そ大ごみ	不燃ごみ	その他	合計
重さ(kg)	438	50	32	14	36	570
百分率(%)						

ごみの重さの割合

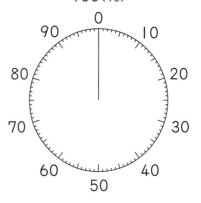

（合計570kg）

基本 ❷ いろいろなグラフの特ちょうがわかりますか。

☆ 次の⑤～⑥のグラフは、ある動物園の入園者数をおとなと子ども別にまとめたものです。それぞれのグラフに適した表題を、下のア～ウから選びましょう。(てき)

⑤
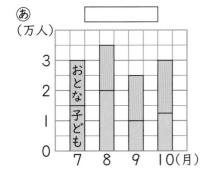

⑥
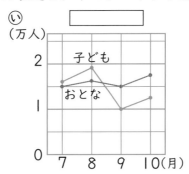

⑦
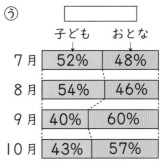

ア　入園者数の割合	イ　入園者数	ウ　入園者数の変化

とき方　⑤　ぼうグラフは、ぼうの長さで大きさを比べるのによいから、□ が適しています。(くら)

⑥　折れ線グラフは、変化のようすを調べるのによいから、□ が適しています。

⑦　帯グラフは、各部分の割合を表すグラフだから、□ が適しています。

⑦のグラフは、割合の変化もわかるようにくふうされているね。

答え　⑤…□、⑥…□、⑦…□

---

❸ 次の⑤～⑦のグラフは、ある小学校の図書室の本のさっ数を種類別にまとめたものです。それぞれのグラフに適した表題を、ア～ウから選びましょう。

📖 教科書 188ページ 1

⑤
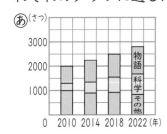

⑥
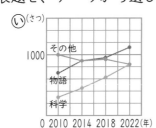

⑦

ア　本のさっ数の変化

イ　本のさっ数の割合

ウ　本のさっ数

⑤ (　　　　　)

⑥ (　　　　　)

⑦ (　　　　　)

ポイント　求めた百分率の合計がちょうど100％にならないときは、百分率の一番大きいものか、「その他」の百分率を増やすか減らすかして、ちょうど100％にします。

練習のワーク

教科書 181〜196ページ　答え 16ページ

できた数　／14問中

① 帯グラフ　下の帯グラフは、ある店で売られている商品の個数の割合を表したものです。

商品の個数の割合

| 食器 | アクセサリー | 文ぼう具 | 洋服 | その他 |

0　　　　　50　　　　　100(%)（合計28000個）

① 商品の個数の割合は、それぞれ全体の何％ですか。

食器（　　　　　）　アクセサリー（　　　　　）

文ぼう具（　　　　　）　洋服（　　　　　）

② アクセサリーは全体の約何分の一でしょう。（　　　　　）

② 円グラフ　右の円グラフは、白米の成分の割合を表したものです。

① でんぷんの量は、たんぱく質の量の何倍ですか。

（　　　　　）

② 白米を200g食べると、たんぱく質を何gとることができますか。

（　　　　　）

白米の成分

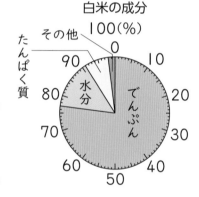

③ 帯グラフのかき方　右の表は、ある店で売っている果物の個数を調べてまとめたものです。

① 右の表のあ、いにあてはまる数を答えましょう。

あ（　　　　　）い（　　　　　）

② 帯グラフに表しましょう。

	個数(個)	百分率(%)
な し	212	35
も も	186	あ
りんご	83	い
ぶどう	71	12
その他	48	8
合 計	600	100

果物の個数の割合

0　　　　　50　　　　　100(%)（合計600個）

④ いろいろなグラフ　次の□にあてはまることばを書きましょう。

① 　　　　　は、数量の大きさをぼうの長さで表すグラフです。

② 　　　　　は、数量の変化のようすを線で表すグラフです。

③ 帯グラフと　　　　　は、全体に対する各部分の　　　　をみたり、部分どうしの割合を比べたりするのに便利です。

てびき

1 帯グラフ
帯グラフは、全体を長方形で表し、各部分の割合がわかるように区切ったグラフです。

2 円グラフ
円グラフは、全体を円で表し、各部分の割合がわかるように区切ったグラフです。

3 帯グラフと円グラフのかき方
1 各部分の割合を百分率で表します。
2 割合の大きい順に目もりを区切って、部分名を書きます。
3 表題と合計を書きます。

さんこう

求めた百分率の合計がちょうど100％にならないときは、ふつう百分率の一番大きいものを、増やすか減らすかして、ちょうど100％にします。

帯グラフや円グラフをかくときは、まず、全体をもとにした各部分の割合を求めよう。

まとめのテスト

時間 20分

得点 ／100点

教科書 181〜196ページ　　答え 16ページ

1 よく出る 右のグラフは、ある年の大豆の県別とれ高を表したものです。　　　　　1つ11〔22点〕

❶ 宮城県のとれ高は、全体の何％ですか。

（　　　　　　　　）

❷ 北海道のとれ高は何tですか。

（　　　　　　　　）

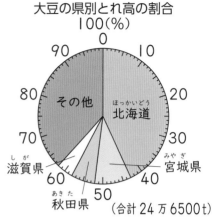

大豆の県別とれ高の割合

2 下のグラフは、ある町の年れい別人口の割合を表したものです。　　　　1つ13〔39点〕

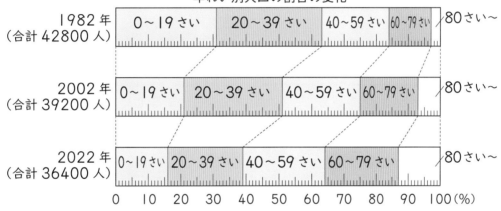

年れい別人口の割合の変化

❶ 2002年の20〜39さいの割合は何％ですか。

（　　　　　　　　）

❷ 1982年から2022年までで、60〜79さいの割合は増えましたか、減りましたか。

（　　　　　　　　）

❸ 2022年の0〜19さいの人口は何人ですか。

（　　　　　　　　）

3 下の表は、あるパーキングエリアにとまった車の台数を種類別にまとめたものです。乗用車とオートバイの割合をそれぞれ求め、表を円グラフに表しましょう。　1つ13〔39点〕

	台数(台)	百分率(%)
乗用車	153	
バス	60	20
オートバイ	57	
トラック	30	10
合計	300	100

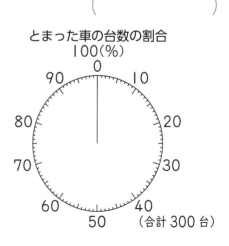

とまった車の台数の割合

□ 帯グラフや円グラフの見方がわかったかな？
□ 帯グラフや円グラフをかくことができたかな？

15 多角形と円について調べよう ■正多角形と円

① 正多角形

基本のワーク

教科書 198〜202ページ 答え 16ページ

基本 **1** 正多角形がわかりますか。

☆ 次の図形のなかで、正多角形はどれですか。

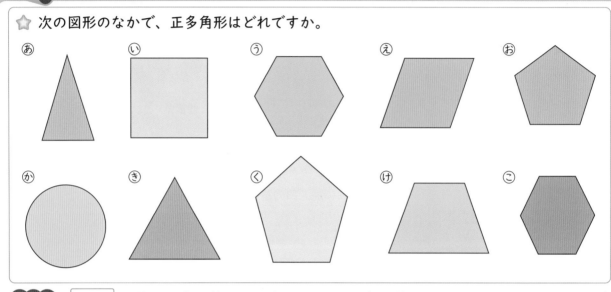

とき方 ◻︎ の長さが全て等しく、角の大きさも全て等しいかを調べます。三角形では ◻︎ が正多角形であり、四角形では ◻︎ が正多角形です。

🐟 **たいせつ**
辺の長さが全て等しく、角の大きさも全て等しい多角形を**正多角形**といいます。

答え ◻︎

---

1 下の五角形のなかで、正五角形はどれですか。

📖 教科書 199ページ**1**

あ 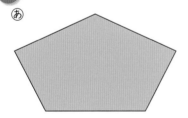 ⓘ  Ⓤ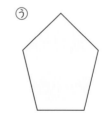

( )

基本 **2** 円を使って、正多角形をかくことができますか。

☆ 右の円を使って正五角形をかきましょう。

とき方 正五角形をかくには、円の中心の周りの角を 5 等分して半径をひき、半径と円の交わった点を順に結びます。円の中心の周りの角度は 360° だから、1 つ分の角度は ◻︎ °になります。

答え

🐱 **たいせつ**
正多角形をかくときには、円の中心の周りの角を何等分すればよいかを考えましょう。

さんすうはかせ 正多角形は辺の数が多いほど、円に近い形になるよ。

2 円の中心の周りの角を等分して、次の正多角形をかきましょう。　📖教科書 201ページ**2**

① 正六角形　　　　　　　　　　　　　　② 正九角形

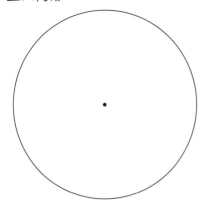

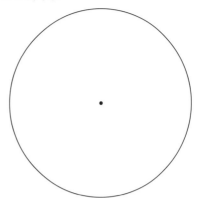

基本3 コンパスを使って、正六角形をかくことができますか。

☆ コンパスを使って、１辺が2cmの正六角形をかきましょう。

とき方　　① 半径2cmの円を　　② 半径と同じ長さで　　③ 区切った点を順に
　　　　　　　かく。　　　　　　　　円の周りを区切る。　　　　結ぶ。

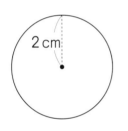 ➡ 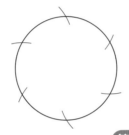 ➡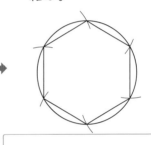

答え

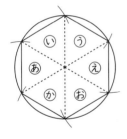

あ〜かの6つは
合同な正三角形だ
から、六角形の6
つの辺の長さも、
6つの角の大きさ
も等しくなるね。

3 コンパスを使って、１辺が2.5cmの正六角形をかき
ましょう。　　　📖教科書 202ページ**3**

ポイント　正○角形をかくには、円の中心の周りの角を○等分して半径をひき、半径と円の交わった
　　　　　点を順に結びます。

② 円周と直径

基本のワーク

学習の目標・
円周率がわかり、円周の長さを求めることができるようになろう！

基本 1　円周率がわかりますか。

☆ 直径 20cm の円をかいて円周の長さをはかったら、62.8cm でした。円周の長さは、直径の長さの何倍になっているでしょう。

とき方　円の周りを円周といいます。

62.8÷20 = ☐

答え ☐ 倍

🐱 **たいせつ**
円周の長さが直径の長さの何倍になっているかを表す数を**円周率**といいます。
円周率＝円周÷直径

---

1 ☐にあてはまることばや数を書きましょう。

📖 教科書 203ページ■ 204ページ■

❶ どんな大きさの円でも、円周の長さは直径の長さの約 ☐ 倍になっています。

❷ 円周の長さが直径の長さの何倍になっているかを表す数を ☐ といい、ふつう 3.14 を使います。

❸ 円周率＝ ☐ ÷ ☐

基本 2　円周の長さや直径の長さを求めることができますか。

☆ 次の問題に答えましょう。

❶ 直径 8cm の円の円周の長さを求めましょう。

❷ 円周が 12.56cm の円の直径の長さを求めましょう。

とき方　円周の長さを求める公式を使います。

❶ 8× ☐ ＝ ☐

❷ 直径を☐cm とすると、

☐× ☐ ＝12.56

☐ ＝12.56÷ ☐

＝ ☐

🐱 **たいせつ**
円周＝直径×円周率

答え ❶ ☐ cm　❷ ☐ cm

---

2 円周の長さを求めましょう。

📖 教科書 206ページ ■

❶ 直径 9cm の円

❷ 半径 2cm5mm の円

(　　　　　)　　　　(　　　　　)

3 次の円の直径の長さを求めましょう。

📖 教科書 207ページ ■

❶ 円周が 31.4cm の円

❷ 円周が 21.98cm の円

(　　　　　)　　　　(　　　　　)

さんすうはかせ　円周率は、3.141592653589……とどこまでも続く小数だよ。2023年3月現在、小数点より右に 100 兆けたまで計算されているよ。

基本 3 直径の長さと円周の長さの変わり方がわかりますか。

☆ 右の図のように、円の直径の長さを 1cm ずつ増やしていきます。直径を○cm、円周を△cm とします。

① ○と△の関係を式に表しましょう。

② ○を 2 倍、3 倍、4 倍、……にすると、△はどのように変わりますか。

③ 円周△cm は、直径○cm に比例しているといえますか。

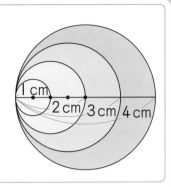

とき方 ① 円周＝直径×円周率だから、

△＝○× [ ]

② 右の表のように、直径○cm を 1cm ずつ増やすと、円周△cm は [ ] cm ずつ増え、直径○cm を 2 倍、3 倍、4 倍、……にすると、円周△cm は [ ] 倍、[ ] 倍、[ ] 倍、……になります。

直径○(cm)	1	2	3	4
円周△(cm)	3.14	6.28	9.42	12.56

③ ②で調べたことをもとにして答えます。

答え ① [ ]　② [ ]　③ 比例していると [ ]。

④ 直径 35cm の円の円周の長さは、直径 7cm の円の円周の長さの何倍ですか。

📖 教科書 208ページ **5**

( )

基本 4 公式を使うことができますか。

☆ 右の図で、あの線とⓘの線では、どちらの長さが長いですか。

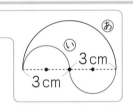

とき方 それぞれの線の長さを求めると、

あの線　3×2× [ ] ÷2＝ [ ] (cm)

ⓘの線　3× [ ] ÷2×2＝ [ ] (cm)

答え [ ]

⑤ 下の図でＡからＢまで行くとき、あの線とⓘの線では、どちらの長さが長いですか。

📖 教科書 209ページ **6**

①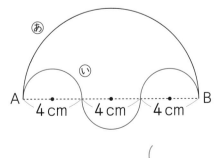

②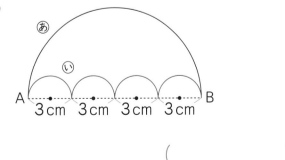

( )　　　　( )

ポイント　円周率(3.14)＝円周÷直径
円周＝直径×円周率

87

練習のワーク①

教科書 198〜211ページ　答え 17ページ

できた数

/9問中

1 正多角形のかき方　円を使って、正八角形をかきましょう。

2 円周の長さ　次の円の円周の長さを求めましょう。

① 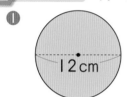 12cm

② 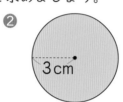 3cm

(　　　　　)　　　　(　　　　　)

3 直径の長さ　次の円の直径の長さを求めましょう。

① 円周 53.38cm の円　　② 円周 65.94cm の円

(　　　　　)　　　　(　　　　　)

4 周りの長さ　次の図形の周りの長さを求めましょう。

① 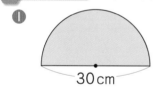 30cm

②  4cm

(　　　　　)　　　　(　　　　　)

5 直径の長さと円周の長さの関係　直径 15cm の円の円周の長さは、直径 3cm の円の円周の長さの何倍ですか。

(　　　　　)

6 円周の長さを求める文章題　タイヤの直径が 40cm の一輪車があります。タイヤが 1 周すると、何cm 進みますか。

(　　　　　)

1 正多角形のかき方
円の中心の周りの角を 8 等分します。

2 円周の長さ
たいせつ
円周＝直径×円周率
円周率は、ふつう 3.14 を使います。

3 直径の長さ
① 直径の長さを□cm として、かけ算の式に表すと、□×3.14＝53.38

4 周りの長さ
② 円の中心の周りの角を 4 等分した形だから、曲線の部分は円周の長さの $\frac{1}{4}$ です。
ちゅうい
直線の部分の長さを、たしわすれないようにしましょう。

5 直径の長さと円周の長さの関係
円周の長さは直径の長さに比例します

できるナビ 円周の長さを求めるときは、わかっている長さが直径なのか、半径なのかに注意しよう。
円周＝直径×円周率＝半径×2×円周率

練習のワーク❷

教科書 198〜211ページ   答え 17ページ

---

1 正多角形のかき方   円の中心の周りの角を等分して、正多角形をかきます。等分する角度を次の角度にすると、それぞれ正何角形になりますか。

❶ 36°   ❷ 90°

(   )   (   )

2 円周の長さ   次の円の円周の長さを求めましょう。

❶

14 cm

❷

5.5 cm

(   )   (   )

3 直径の長さ   次の円の直径の長さを求めましょう。

❶ 円周 59.66 cm の円   ❷ 円周 188.4 cm の円

(   )   (   )

4 周りの長さ   次の図形の周りの長さを求めましょう。

❶

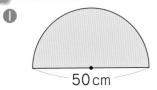

50 cm

❷

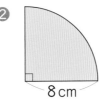

8 cm

(   )   (   )

5 直径の長さと円周の長さの関係   直径 21 cm の円の円周の長さは、直径 7 cm の円の円周の長さの何倍ですか。

(   )

6 直径の長さを求める文章題   公園に円の形をした池があります。池の円周は 47.1 m です。この池の直径は何 m ですか。

(   )

1 正多角形の かき方

円の中心の周りの角を何等分することになるかを考えます。

2 円周の長さ

円周の長さが直径の長さの何倍になっているかを表す数を円周率といいます。

3 直径の長さ

直径
＝円周÷円周率

4 周りの長さ

曲線部分の長さと直線部分の長さをたした長さが周りの長さになります。

5 直径の長さと円周の長さの関係

直径の長さを○cm、円周を△cm として、直径と円周の長さの関係を式に表すと、次のようになります。
△＝○×円周率

できるナビ   円周＝直径×円周率だから、直径の長さは、直径＝円周÷円周率で、求められるよ。

まとめのテスト

時間 **20**分

得点

/100点

教科書 198～211ページ　答え 17ページ

1 1辺の長さが 1.5 cm の正六角形をかきましょう。　〔10点〕

2 よく出る 次の長さを求めましょう。　1つ10〔40点〕

① 直径 3 cm の円の円周

② 半径 6.5 cm の円の円周

(　　　　　)　(　　　　　)

③ 円周 50.24 cm の円の直径

④ 円周 125.6 cm の円の半径

(　　　　　)　(　　　　　)

3 次の図形の周りの長さを求めましょう。　1つ10〔20点〕

①

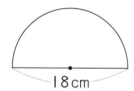

18 cm

②

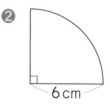

6 cm

(　　　　　)　(　　　　　)

4 直径 36 cm の円の円周の長さは、直径 4 cm の円の円周の長さの何倍ですか。　〔10点〕

(　　　　　)

5 円の形をしたある競技場の円周の長さをはかったところ、361.1 m ありました。この競技場の直径は何 m ですか。　〔10点〕

(　　　　　)

チャレンジ！

6 図書館から 282.6 m はなれた駅へ自転車で行きます。このとき、自転車の車輪は 150 回転しました。車輪の半径は何 cm ですか。　〔10点〕

(　　　　　)

ふろくの「計算練習ノート」27ページをやろう！

チェック ✓

□ 円を使って正多角形をかくことができたかな？
□ 円周の長さを求めることができたかな？

学びのワーク　正多角形をかこう

教科書 212〜213ページ　　答え 18ページ

基本 ① 正多角形をかくプログラムをつくることができますか。

☆ 右のプログラムをもとにして、正三角形をかくプログラムをつくります。⑦、⑦にあてはまる数を求めましょう。

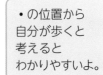

⑦ 回くり返す

長さ 30 の直線をひく

左に ⑦ °回転する

とき方 右の図の・から始めて、１辺の長さが 30 の正三角形をかきます。

正三角形の１つの角の大きさは ▢ °だから、回転する角度は、

180°− ▢ °= ▢ °です。

長さ 30 の直線をひく → 左に ▢ °回転する を ▢ 回

くり返せば、正三角形がかけます。

・の位置から自分が歩くと考えるとわかりやすいよ。

答え ⑦ ▢　　⑦ ▢

1 基本① のプログラムをもとにして、正方形をかきます。このプログラムの⑦、⑦にあてはまる数を求めましょう。

📖 教科書 212ページ ①

⑦ (　　　　　)　　⑦ (　　　　　)

2 基本① のプログラムをもとにして、正八角形をかきます。

📖 教科書 212ページ ①

❶ 正八角形の１つの角の大きさを求めましょう。

(　　　　　)

❷ 右の図のあの角の大きさは何度ですか。

(　　　　　)

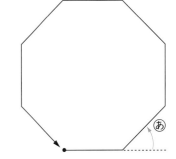

❸ このプログラムの⑦、⑦にあてはまる数を求めましょう。

⑦ (　　　　　)　　⑦ (　　　　　)

3 基本① のプログラムをもとにして、正九角形をかきます。このプログラムの⑦、⑦にあてはまる数を求めましょう。

📖 教科書 212ページ ①

⑦ (　　　　　)　　⑦ (　　　　　)

ポイント 八角形は、１つの頂点からひいた対角線で 6 つの三角形に分けられるから、角の大きさの和は、180°×6＝1080°です。正八角形の 8 つの角の大きさは、全て等しくなっています。

91

① 平行四辺形の面積

基本のワーク

教科書 218〜224ページ　答え 18ページ

基本 1 　平行四辺形の面積を求めることができますか。

☆ 右の平行四辺形の面積を求めましょう。

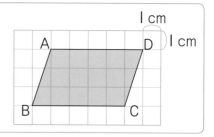

とき方　《1》 平行四辺形の面積を変えずに、長方形にして考えます。

例

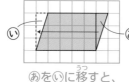 ➡ 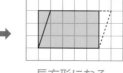 ➡ $3×\boxed{}=\boxed{}$ (cm²)

あをいに移すと、　　長方形になる。

《2》 平行四辺形の面積を求める公式を使います。

平行四辺形で、1つの辺を底辺としたとき、底辺と、底辺に向かい合った辺に垂直にひいた直線の長さを高さといいます。

平行四辺形の面積は、次の公式で求めることができます。

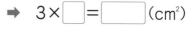

平行四辺形の面積＝底辺×高さ

⬇

$5×\boxed{}=\boxed{}$ (cm²)

答え $\boxed{}$ cm²

これからは、公式を使って求めよう。

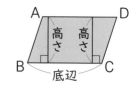 たいせつ
平行四辺形の面積＝底辺×高さ

1 次の平行四辺形の面積を求めましょう。　　　　　　　　📖教科書 222ページ 2

①

②

（　　　　　　　）　　　　　　　（　　　　　　　）

2 次の図のABを底辺として、面積が 12cm² になる平行四辺形を 3 つかきましょう。

📖教科書 222ページ 3

1cm
1cm

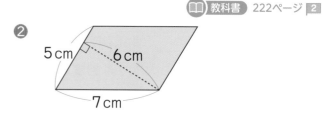

 電車の上についている「パンタグラフ」は、平行四辺形がのびたり、ちぢんだりするしくみになっているよ。

高さが底辺上にないときも、平行四辺形の面積を求めることができますか。

☆ 右の平行四辺形の面積を求めましょう。

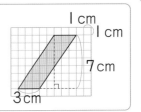

とき方 右の図のように、高さが底辺上にないときも、
平行四辺形の面積は　底辺×高さ　で求められます。

あをいに移す。　　3×7

この平行四辺形の面積は、

$3×\boxed{}=\boxed{}$(cm^2)　　**答え** $\boxed{}$cm^2

3 次の平行四辺形の面積を求めましょう。　　📖教科書 223ページ 4

①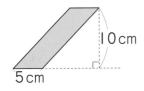

②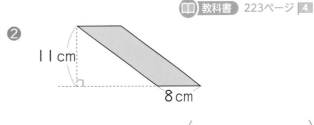

（　　　　　　　）　　　　　　（　　　　　　　）

平行四辺形の底辺・高さと面積の関係がわかりますか。

☆ 底辺が6cmの平行四辺形の高さを、右のように変え
ていくとき、面積は高さに比例しているといえますか。

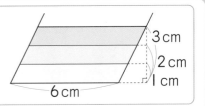

とき方 高さを○cm、面積を△cm^{2}として、高さと面積の関係を式に表すと、△＝6×○
となります。

高さ○cmを1cmずつ増やしたときの面積△cm^{2}は、下の表のようになります。

高さ ○(cm)	1	2	3	4	5
面積 △(cm^2)	$\boxed{}$	12	18	24	$\boxed{}$

高さが2倍、3倍、4倍、……になると、面積も2倍、3倍、4倍、……に $\boxed{}$
から、面積は高さに比例していると $\boxed{}$。　　**答え** 比例していると $\boxed{}$。

4 高さ4cmの平行四辺形の底辺の長さを、右のように変えていきま
す。　　📖教科書 224ページ 6

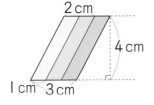

① 底辺を○cm、面積を△cm^{2}として、底辺の長さと面積の関係を
式に表しましょう。

（　　　　　　　）

② 面積は、底辺の長さに比例しているといえますか。

（　　　　　　　）

ポイント 平行四辺形の面積は、底辺の長さと高さで決まります。どんな形の平行四辺形でも、底辺の
長さが等しく、高さも等しければ、面積は等しくなります。

② 三角形の面積

基本のワーク

教科書 225〜229ページ　　答え 18ページ

基本 **1** 三角形の面積を求めることができますか。

☆ 右の三角形の面積を求めましょう。

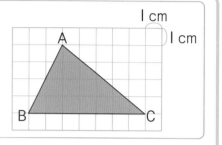

とき方 《1》 平行四辺形や長方形を使って考えます。

例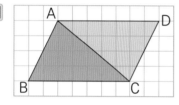

三角形ABCと合同な三角形を、左の図のように組み
合わせると、平行四辺形ABCDになります。

三角形ABCの面積は、平行四辺形ABCDの面積の半
分だから、

$$7 \times 4 \div \boxed{} = \boxed{} (cm^2)$$

《2》 三角形の面積を求める公式を使います。

右の三角形で、辺BCを底辺としたとき、頂点Aから底辺に
垂直にひいた直線AEの長さを高さといいます。

三角形の面積は、次の公式で求めることができます。

三角形の面積＝底辺×高さ÷2

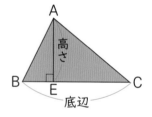

$$7 \times \boxed{} \div \boxed{} = \boxed{} (cm^2)$$

答え $\boxed{}$ cm²

たいせつ
三角形の面積＝底辺×高さ÷2

1 次の三角形の面積を求めましょう。

📖教科書 228ページ **2**

①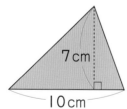
7cm
10cm

②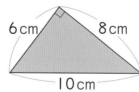
6cm 8cm
10cm

③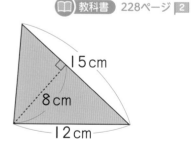
15cm
8cm
12cm

(　　　　　)　(　　　　　)　(　　　　　)

さんすうはかせ 三角形は、英語ではtriangle（トライアングル）というよ。「tri」が「3つの」、「angle」が「角」
という意味なんだって。

基本 2 高さが底辺上にないときも、三角形の面積を求めることができますか。

☆ 右の三角形の面積を求めましょう。

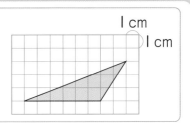
1 cm
1 cm

とき方 右の図のように、高さが底辺上にないときも、三角形の面積は　底辺×高さ÷2　で求められます。

この三角形の面積は、

$6 \times \boxed{} \div \boxed{} = \boxed{}$（cm²）

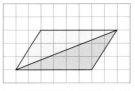
平行四辺形の面積の半分だから、6×3÷2

答え $\boxed{}$ cm²

2 次の三角形の面積を求めましょう。　📖 教科書 229ページ🄲

①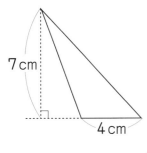
7 cm
4 cm

②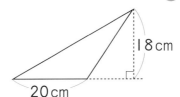
18 cm
20 cm

（　　　　　　　）　（　　　　　　　）

3 右の図に、辺BCを底辺として、三角形ABCと面積が等しい三角形を2つかきましょう。

📖 教科書 229ページ🄲

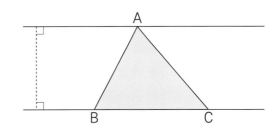
A
B　C

4 右の三角形の面積を、次の2通りの方法で求めましょう。　📖 教科書 229ページ🄳

① 辺ACを底辺としたとき

式

答え（　　　　　　　）

② 辺BCを底辺としたとき

式

答え（　　　　　　　）

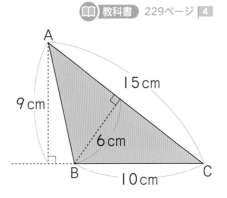
A
15 cm
9 cm
6 cm
B
10 cm
C

ポイント 三角形の面積は、底辺の長さと高さで決まります。どんな形の三角形でも、底辺の長さが等しく、高さも等しければ、面積は等しくなります。

③ いろいろな四角形の面積
④ 面積の求め方のくふう

学習の目標
台形やひし形の面積を求めることができるようになろう！

基本のワーク

教科書 230〜234ページ　答え 19ページ

基本 ① 台形の面積を求めることができますか。

☆ 右の台形の面積を求めましょう。

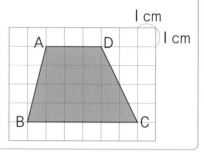

とき方 《 | 》 平行四辺形を使ったり、台形を対角線で 2 つの三角形に分けたりして考えます。

例
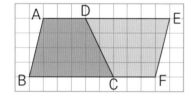

台形ABCD と合同な台形を、左の図のように組み合わせると、平行四辺形ABFE になります。

台形ABCD の面積は、平行四辺形ABFE の面積の半分だから、

$(6+3)×4÷\boxed{}=\boxed{}$(cm²)

《2》 台形の面積を求める公式を使います。

台形で、平行な 2 つの辺の一方を上底、他方を下底といい、上底と下底に垂直にひいた直線の長さを高さといいます。

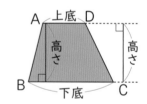

台形の面積は、次の公式で求めることができます。

　　台形の面積＝（上底＋下底）×高さ÷2

　　　↓

$(3+\boxed{})×4÷\boxed{}=\boxed{}$(cm²)

答え $\boxed{}$cm²

たいせつ
台形の面積＝（上底＋下底）×高さ÷2

---

① 次の台形の面積を求めましょう。　　　　　📖教科書 232ページ 1

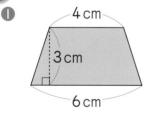　　　　　　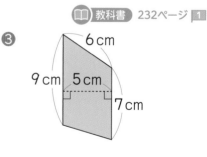

(　　　　　　　)　　(　　　　　　　)　　(　　　　　　　)

さんすうはかせ 台形は、英語ではtrapezoid（トラペゾイド）といって、ギリシャ語で「テーブル」を意味する「trapeza」からきているんだって。英語では「テーブル形」なんだね。

☆ 右のひし形の面積を求めましょう。

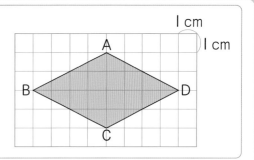

I cm

とき方 《1》 長方形を使ったり、ひし形を対角線で 2 つの三角形に分けたりして考えます。

例

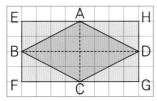

8 つの三角形はみんな合同だから、ひし形の面積は長方形の面積の半分だね。

左の図のような長方形 EFGH をつくると、ひし形 ABCD の面積は長方形の面積の半分だから、

$4 \times \boxed{} \div \boxed{} = \boxed{}$ (cm²)

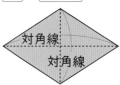

《2》 ひし形の面積を求める公式を使います。

ひし形の面積は、対角線×対角線÷2 で求めることができます。

↓

$4 \times \boxed{} \div \boxed{} = \boxed{}$ (cm²)

答え $\boxed{}$ cm²

たいせつ
ひし形の面積＝対角線×対角線÷2

---

2 次のひし形の面積を求めましょう。

教科書 233ページ 2

❶

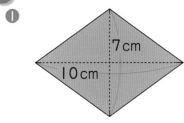

7 cm
10 cm

❷

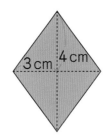

3 cm 4 cm

(　　　　)　　　　　　(　　　　)

---

3 次の図形の面積を求めましょう。

教科書 234ページ 1

❶

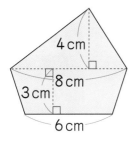

4 cm
8 cm
3 cm
6 cm

❷

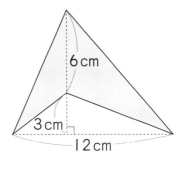

6 cm
3 cm
12 cm

いくつかの三角形や、面積が求められる四角形に分ければ求められるね。

(　　　　)　　　　(　　　　)

ポイント 台形の面積＝（上底＋下底）×高さ÷2
ひし形の面積＝対角線×対角線÷2

できた数

／10問中

教科書 218〜236ページ 答え 19ページ

1 平行四辺形の面積 右の図を見て答えましょう。

① 平行四辺形ABCD の面積を求めましょう。

( )

② 色のついている部分の面積を求めましょう。

( )

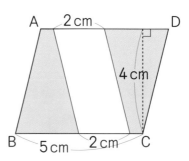

2 三角形の面積 右の三角形について答えましょう。

① 三角形ABC の面積を求めましょう。

( )

② 直線CD の長さを求めましょう。

( )

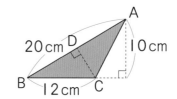

3 台形の面積 右の台形について答えましょう。

① 三角形ABC の面積を求めましょう。

( )

② 三角形ACD の面積を求めましょう。

( )

③ ①、②の面積から、台形ABCD の面積を求めましょう。

( )

④ 公式を使って、台形ABCD の面積を求めましょう。

( )

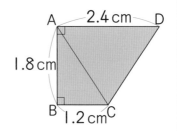

4 ひし形の面積 次のひし形の面積を求めましょう。

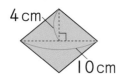

( )

5 面積の求め方のくふう 次の四角形の面積を求めましょう。

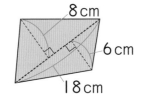

( )

てびき

1 平行四辺形の面積

たいせつ
平行四辺形の面積
＝底辺×高さ

2 三角形の面積

たいせつ
三角形の面積
＝底辺×高さ÷2

高さが底辺上にないこともあるよ。

3 台形の面積

たいせつ
台形の面積
＝（上底＋下底）
×高さ÷2

4 ひし形の面積

たいせつ
ひし形の面積
＝対角線×
対角線÷2

できる ナビ 面積の公式が使えない多角形の面積を求めるときは、いくつかの三角形や四角形に分けて求められないか考えてみよう。

まとめのテスト

時間 **20**分

得点

/100点

1 下の図で、直線アウと直線イエは平行です。 1つ6〔30点〕

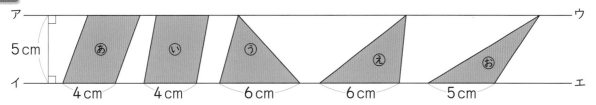

ア ────────────────────────────── ウ
5cm
イ ────────────────────────────── エ
　　4cm　　4cm　　6cm　　6cm　　5cm
　　あ　　い　　う　　え　　お

❶ 平行四辺形あと三角形うの面積を求めましょう。

　　あ（　　　　　　　）　　う（　　　　　　　）

❷ 平行四辺形あと平行四辺形いの面積は等しいですか。（　　　　　　　）

❸ 三角形うと三角形えの面積は等しいですか。（　　　　　　　）

❹ 三角形うと三角形おの面積は等しいですか。（　　　　　　　）

2 よく出る 次の図形の面積を求めましょう。 1つ10〔40点〕

❶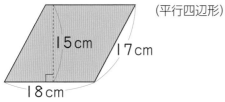
（平行四辺形）
15cm　17cm
18cm

（　　　　　　　）

❷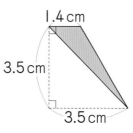
1.4cm
3.5cm
3.5cm

（　　　　　　　）

❸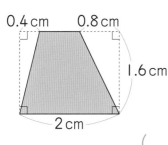
0.4cm　0.8cm　（台形）
1.6cm
2cm

（　　　　　　　）

❹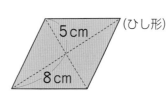
（ひし形）
5cm
8cm

（　　　　　　　）

3 次の色のついた部分の面積を求めましょう。 1つ10〔30点〕

❶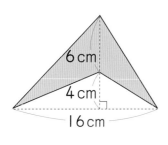
6cm
4cm
16cm

❷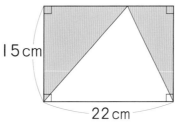
15cm
22cm

❸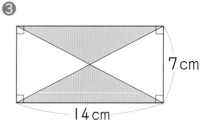
7cm
14cm

（　　　　　　　）　（　　　　　　　）　（　　　　　　　）

 チェック ✓
□ 平行四辺形、三角形の面積を求めることができたかな？
□ いろいろな四角形の面積を求めることができたかな？

ふろくの「計算練習ノート」23～24ページをやろう！

99

① 速さ

基本のワーク

教科書 238〜245ページ　　答え 19ページ

学習の目標・
速さの表し方や、速さ、時間、道のりの関係がわかるようになろう！

基本 1　速さを比べることができますか。

☆ 右の表は、ゆうとさんとこうきさんが走った道のりとかかった時間を表しています。どちらが速いでしょうか。

	道のり(m)	時間(秒)
ゆうと	50	9
こうき	60	10

とき方　《1》 1秒あたりに進んだ道のりで比べます。

ゆうとさん　$50 \div 9 = 5.55\cdots$(m)

こうきさん　□ ÷ □ = □ (m)

《2》 1mあたりにかかった時間で比べます。

ゆうとさん　$9 \div 50 =$ □ (秒)

こうきさん　□ ÷ □ $= 0.16\cdots$(秒)

走った道のりも時間もちがうから、道のりか時間のどちらかをそろえるんだね。

答え　□ さんのほうが速い。

---

① さおりさんは 800m を 4分、かおるさんは 900m を 5分で走りました。どちらが速いでしょうか。

📖教科書 241ページ 1

(　　　　　　　)

基本 2　速さの表し方がわかりますか。

☆ 4時間で 220km 走る列車Aと、3時間で 180km 走る列車Bでは、どちらが速いでしょうか。

とき方　1時間あたりに走る道のりで比べます。

列車A　$220 \div 4 = 55$(km)

列車B　□ ÷ □ = □ (km)

速さの表し方には、次の3つがあります。

時速……1時間あたりに進む道のりで表した速さ

分速……1分あたりに進む道のりで表した速さ

秒速……1秒あたりに進む道のりで表した速さ

列車Aは時速 55km、列車Bは時速 □ km で走ります。

たいせつ

速さは、単位時間あたりに進む道のりで表します。
速さ＝道のり÷時間

答え　列車 □ のほうが速い。

---

② 次の速さを求めましょう。

📖教科書 242ページ 2

❶ 12秒で 600m 飛んだツバメの秒速　　　　　　(　　　　　　　)

❷ 6分で 4500m 走る自動車の分速　　　　　　(　　　　　　　)

❸ 5時間で 185km 進む船の時速　　　　　　(　　　　　　　)

さんすうはかせ この世の中全てのものの中でいちばん速いものは光なんだって。光の速さは秒速約 30万 km で、1秒間に地球を 7周半まわる速さなんだよ。

基本 3 速さと時間をもとにして、道のりを求めることができますか。

☆ 時速50kmで走っている自動車があります。この自動車が、4時間で進む道のりは何kmですか。

とき方 1時間あたりに進む道のりが50kmだから、4時間で進む道のりは、その4倍です。
この自動車が4時間で進む道のりは、

☐ × ☐ = ☐ (km)
速さ　時間

答え ☐ km

0　　　50　　　　　☐　（km）
道のり ━━━━━━━━━━━━━━━
時間　 ━━━━━━━━━━━━━━━
0　　　1　　　　　　4　（時間）

たいせつ
道のりは、次の式で求められます。
道のり＝速さ×時間

3 分速60mで歩いている人が9分で進む道のりは何mですか。　📖 **教科書** 243ページ **3**

(　　　　　　　　)

基本 4 速さと道のりをもとにして、時間を求めることができますか。

☆ 時速50kmで走っているオートバイがあります。このオートバイで150km進むには、何時間かかりますか。

とき方 ☐時間で150km進むとすると、
50×☐＝150
☐＝☐÷☐
　　　道のり　速さ
　＝☐（時間）

答え ☐時間

0　　　50　　　150　（km）
道のり ━━━━━━━━━━━━━━━
時間　 ━━━━━━━━━━━━━━━
0　　　1　　　☐　（時間）

たいせつ
時間は、次の式で求められます。
時間＝道のり÷速さ

4 秒速8mで泳ぐイルカは、400m泳ぐのに何秒かかりますか。　📖 **教科書** 244ページ **4**

(　　　　　　　　)

基本 5 単位がちがう速さを比べることができますか。

☆ 時速9kmで走る人と、分速0.2kmで走る自転車では、どちらが速いでしょうか。

とき方 単位を分速、または時速にそろえて比べます。

《1》 時速9kmを分速になおすと、
9÷☐＝☐
分速☐kmと分速0.2kmを比べます。

《2》 分速0.2kmを時速になおすと、
0.2×☐＝☐
時速☐kmと時速9kmを比べます。

答え ☐ のほうが速い。

5 時速48kmで走るバスと、分速0.9kmで走るトラックでは、どちらが速いでしょうか。
📖 **教科書** 245ページ **5**

(　　　　　　　　)

ポイント 秒速 ⇄(×60 ÷60) 分速 ⇄(×60 ÷60) 時速

練習のワーク

1 速さの比べ方 　自動車は 4 時間で 180km、オートバイは 3 時間で 144km 走りました。

① 自動車の時速を求めましょう。

式

答え (　　　　　　　)

② オートバイの時速を求めましょう。

式

答え (　　　　　　　)

③ 自動車とオートバイでは、どちらが速いでしょうか。

(　　　　　　　)

2 速さの求め方 　24 秒で 1200m 飛んだハヤブサの秒速を求めましょう。

式

答え (　　　　　　　)

3 道のりの求め方 　時速 730km で飛ぶ飛行機は 5 時間で何km 進みますか。

式

答え (　　　　　　　)

4 時間の求め方 　分速 62m で 3100m のハイキングコースを歩くと、何分かかりますか。

式

答え (　　　　　　　)

5 単位がちがう速さの比べ方 　時速 50km で走るタクシーと分速 400m で走るバスがあります。

① バスの速さは、時速何km ですか。

(　　　　　　　)

② タクシーとバスでは、どちらが速いでしょうか。

(　　　　　　　)

てびき

1 速さの比べ方

①② 時速は、1 時間あたりに進む道のりで表した速さです。

2 速さの求め方

たいせつ

速さ＝道のり÷時間

3 道のりの求め方

道のりは、次の式で求められます。
道のり＝速さ×時間

4 時間の求め方

時間は、次の式で求められます。
時間＝道のり÷速さ

5 単位がちがう速さの比べ方

① 分速に 60 をかけます。

ちゅうい

単位をkm になおします。

② 時速どうしを比べます。

時速 50km を分速になおしてもいいけど、計算しやすいほうがいいね。

できるナビ　速さの問題では、「時速、分速、秒速」のどれで答えるか、道のりは「km か m か」など単位に注意しよう。

まとめのテスト

時間 **20** 分

得点
／100点

教科書 238〜247ページ　　答え 20ページ

1 2 時間で 80km 進むモーターボートと、5 時間で 168km 進むイルカでは、どちらが速いでしょうか。　〔10点〕

(　　　　　　　　)

2 よく出る　4 時間で 340km 進む高速バスの時速を求めましょう。　1つ10〔20点〕
式

答え (　　　　　　　　)

3 分速 1.4km の電車が 25 分間に進む道のりは何km ですか。　1つ10〔20点〕
式

答え (　　　　　　　　)

4 秒速 18m で飛んでいるハトは、900m 進むのに何秒かかりますか。　1つ10〔20点〕
式

答え (　　　　　　　　)

5 時速 13km で走る自転車Aと、分速 210m で走る自転車Bでは、どちらが速いでしょうか。　〔10点〕

(　　　　　　　　)

6 秒速 280m の飛行機は、84km 進むのに何分かかりますか。　〔10点〕

(　　　　　　　　)

7 なつみさんがマラソンをしました。三角コーナーのところを折りかえし、行きと同じ道をたどって、スタート地点にもどるまで 10 分かかりました。スタート地点から三角コーナーまで 1000m あるとすると、なつみさんの走った速さは分速何m ですか。　〔10点〕

(　　　　　　　　)

ふろくの「計算練習ノート」21〜22ページをやろう!

 □ 速さを比べることができたかな?
□ 速さ、道のり、時間を求めることができたかな?

103

18 立体の特ちょうを調べよう ■角柱と円柱

① 立体
② 見取図と展開図 [その1]

基本のワーク

教科書 248～254ページ   答え 20ページ

基本 1 角柱や円柱がわかりますか。

☆ 次の立体のうち、角柱と円柱をそれぞれ選び、記号で答えましょう。

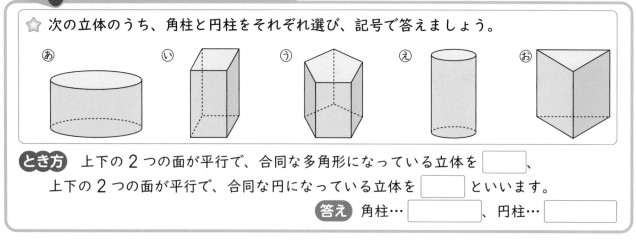

あ　い　う　え　お

とき方 上下の2つの面が平行で、合同な多角形になっている立体を ▢ 、
上下の2つの面が平行で、合同な円になっている立体を ▢ といいます。

答え 角柱… ▢ 、円柱… ▢

1 ▢ にあてはまることばを書きましょう。

📖 教科書 251ページ 2

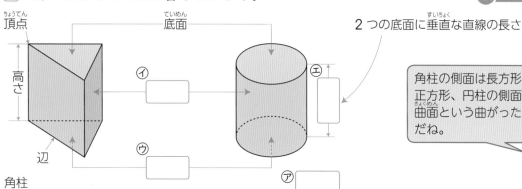

頂点
底面
2つの底面に垂直な直線の長さ
高さ
イ ▢
エ ▢
ウ ▢
ア ▢
辺
角柱

角柱の側面は長方形か正方形、円柱の側面は曲面という曲がった面だね。

基本 2 角柱の頂点、辺、面の数がわかりますか。

☆ 三角柱の頂点、辺、面の数は、それぞれいくつですか。

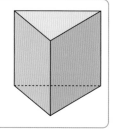

とき方 右の図で、辺の数は ◦ をつけた辺が3、△ をつけた辺が ▢ 、□ をつけた辺が ▢ だから、全部で ▢ 、面の数は側面が ▢ 、底面が2 だから、全部で ▢ です。

答え 頂点の数… ▢ 、辺の数… ▢ 、面の数… ▢

さんすうはかせ ハチの巣は六角柱を集めた形をしているんだって。多くのじょうぶな部屋を作るには、六角柱が適しているそうだよ。

② 六角柱の頂点、辺、面の数は、それぞれいくつですか。 📖 教科書 253ページ 3

頂点の数（　　　　　　）　　辺の数（　　　　　　）　　面の数（　　　　　　）

③ 八角柱について、頂点、辺、面の数のそれぞれの数え方を表した式を、下のあ〜うの中から選びましょう。 📖 教科書 253ページ 5

　　あ　8×3　　　　　　　　い　8×2　　　　　　　　う　8+2

頂点の数（　　　　　　）　　辺の数（　　　　　　）　　面の数（　　　　　　）

基本 3 三角柱や円柱の見取図をかくことができますか。

☆ 次の図形の見取図を完成させましょう。

①
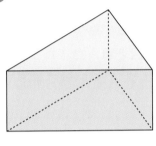　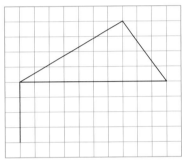

さんこう

4年のときは、直方体と立方体の見取図を学習しました。

②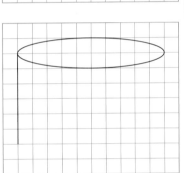

たいせつ

見えない辺はふつう点線でかきます。

とき方 上の底面をはじめにかくと、立体の見えない辺がどうなっているか、イメージしやすくなります。

答え 問題の図に記入

---

④ 次の三角柱と円柱の見取図をかきましょう。 📖 教科書 254ページ 1

① 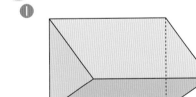　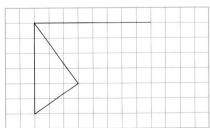

② 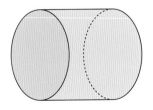　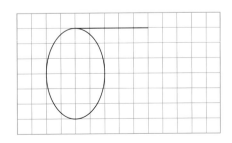

ポイント 角柱や円柱の2つの底面は平行で、その形は合同です。また、2つの底面に垂直な直線の長さが、角柱や円柱の高さです。

② 見取図と展開図 [その2]

基本のワーク

教科書 255〜256ページ　　答え 20ページ

学習の目標・
角柱や円柱の展開図が
かけるようになろう！

基本 ① 角柱の展開図がわかりますか。

次の三角柱の展開図について答えましょう。

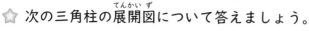
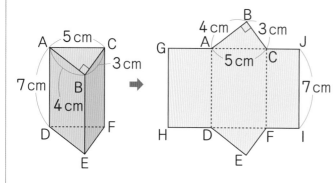

❶ 左の展開図は、三角柱の側面の
どの辺にそって切り開いてかいた
ものですか。

❷ 左の展開図を組み立てたとき、
辺ABとどの辺が重なりますか。

❸ 左の展開図を組み立てたとき、
頂点Eに集まる点を全て書きま
しょう。

とき方 展開図は、三角柱を右の図のように切り開いてかいたものです。

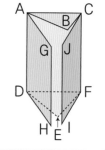

❶ 展開図は、三角柱の底面の辺ABと辺BC、側面の辺 [　]、底面の
辺DEと辺EFにそって切り開いてかいたものです。

❷ 辺ABと重なるのは、辺 [　] です。

❸ 頂点Eには、点Hと点 [　] が集まります。

答え ❶ 辺 [　]　❷ 辺 [　]　❸ 点 [　]、点 [　]

1 基本①の三角柱を、下の赤い辺AB、辺AC、辺AD、辺DE、辺DFにそって切り開いた展
開図をかきましょう。

📖教科書 255ページ❷

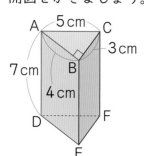
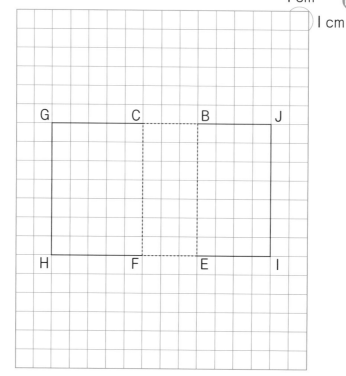

 ハンバーガーやドーナツを入れる紙の箱も、広げると1まいの厚紙だったりするね。
その紙が、箱の展開図になっているんだね。

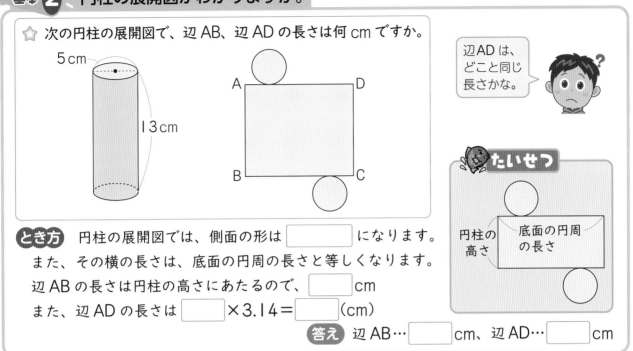

基本 2 円柱の展開図がわかりますか。

☆ 次の円柱の展開図で、辺 AB、辺 AD の長さは何 cm ですか。

5cm
13cm

A
D
B
C

辺 AD は、どこと同じ長さかな。

たいせつ

円柱の高さ | 底面の円周の長さ

とき方 円柱の展開図では、側面の形は ［　　　　　］になります。

また、その横の長さは、底面の円周の長さと等しくなります。

辺 AB の長さは円柱の高さにあたるので、［　　　］cm

また、辺 AD の長さは ［　　　］×3.14＝［　　　］(cm)

答え 辺 AB…［　　　］cm、辺 AD…［　　　］cm

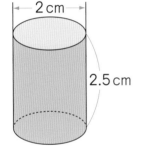

2 次の円柱について問題に答えましょう。 教科書 256ページ **3**

2cm
2.5cm

❶ 展開図で、側面の長方形の横の長さは何 cm ですか。

（　　　　　　　　　）

❷ 円柱の展開図をかきましょう。

3 右の円柱の展開図を見て答えましょう。 教科書 256ページ **3**

❶ 底面の円周の長さを求めましょう。

（　　　　　　　　　）

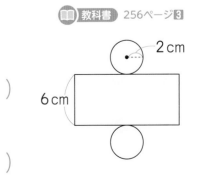

2cm
6cm

❷ 側面の長方形の周りの長さを求めましょう。

（　　　　　　　　　）

ポイント 三角柱や円柱の底面と側面が、それぞれ展開図のどの面にあたるかを考えると、理解しやすくなります。

107

練習のワーク

できた数

/8問中

1 角柱　右の図は、ある立体の見取図です。

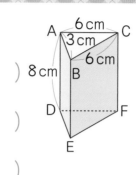

① 立体の名前を書きましょう。

（　　　　　　　　　）

② 底面はどの面ですか。全て答えましょう。

（　　　　　　　　　）

③ 側面はどの面ですか。全て答えましょう。

（　　　　　　　　　）

④ 高さは何 cm ですか。

（　　　　　　　　　）

2 円柱　右の図は、円柱の見取図です。

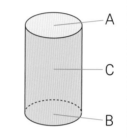

① 底面はどの面ですか。全て答えましょう。

（　　　　　　　　　）

② 側面はどの面ですか。

（　　　　　　　　　）

3 見取図　次の五角柱を見て、右の見取図を完成させましょう。

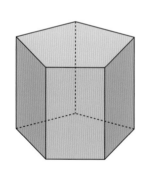 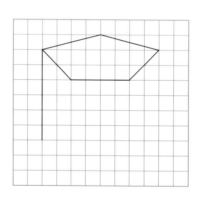

4 展開図　次の図は円柱の展開図です。長方形の部分の周りの長さは何 cm ですか。

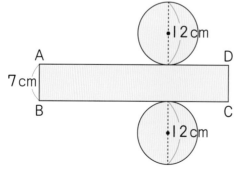

（　　　　　　　　　）

てびき

1 角柱

角柱の名前は、底面の形で決まります。

底面　　角柱

三角形 ➡ 三角柱
四角形 ➡ 四角柱
五角形 ➡ 五角柱
　　⋮

2 円柱

円柱の側面は、曲面だよ。

3 見取図

見取図をかくときは、見える辺は実線、見えない辺は点線でかきます。

4 展開図

角柱や円柱を切り開いたとき、側面の横の長さは、底面の周りの長さと等しくなります。

できる ナビ　角柱や円柱は、底面の形で名前が決まるよ。

まとめのテスト

教科書 248〜258ページ　答え 21ページ

時間 **20**分

得点 ／100点

1 よく出る　右の図⑦、⑦は、それぞれある立体の見取図です。1つ8〔64点〕

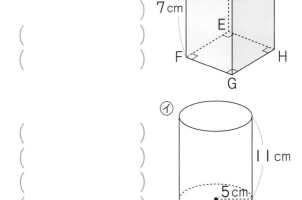

① ⑦の立体について答えましょう。

　あ　立体の名前を書きましょう。　　　　　（　　　　　　　）

　い　底面を全て答えましょう。　　　　（　　　　　　　）

　う　側面の横の長さは何 cm ですか。　　　（　　　　　　　）

　え　高さは何 cm ですか。　　　　　　　（　　　　　　　）

② ⑦の立体について答えましょう。

　あ　立体の名前を書きましょう。　　　　（　　　　　　　）

　い　面は全部でいくつありますか。　　　（　　　　　　　）

　う　底面の周りの長さは何 cm ですか。　（　　　　　　　）

　え　高さは何 cm ですか。　　　　　　　（　　　　　　　）

2 次の立体の展開図を見て、答えましょう。　　　　　1つ6〔36点〕

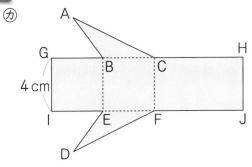

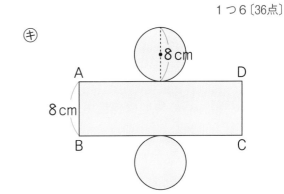

① ⑦を組み立ててできる立体について答えましょう。

　あ　展開図を組み立ててできる立体の名前を書きましょう。　　（　　　　　　　）

　い　頂点 A に集まる頂点を全て答えましょう。　　　（　　　　　　　）

　う　四角形 BEFC が正方形で、辺 GB の長さと直線 BC の長さが等しいとき、辺 ED の長
　　さは何 cm ですか。　　　　　　　　　　　　　（　　　　　　　）

② ⑦を組み立ててできる立体について答えましょう。

　あ　展開図を組み立ててできる立体の名前を書きましょう。　　（　　　　　　　）

　い　長方形 ABCD の部分を立体の何といいますか。　　（　　　　　　　）

　う　辺 BC の長さは何 cm ですか。　　　　　　　（　　　　　　　）

チェック ✓　□ 角柱や円柱の特ちょうがわかったかな？
　　　　　　　□ 見取図や展開図をかくことができたかな？

109

まとめのテスト①

時間 **20**分

教科書 264〜265ページ 答え 21ページ

1 16 と 24 の最小公倍数と最大公約数を、それぞれ求めましょう。 1つ4〔8点〕

最小公倍数 ( ) 最大公約数 ( )

2 ( )の中の分数を通分しましょう。 1つ4〔8点〕

① $\left(\dfrac{4}{9} \quad \dfrac{5}{12}\right)$ ( ) ② $\left(\dfrac{3}{4} \quad \dfrac{5}{6} \quad \dfrac{7}{8}\right)$ ( )

3 よく出る 計算をしましょう。わり算はわりきれるまで計算しましょう。 1つ4〔48点〕

① 26×3.4 ② 1.7×2.8 ③ 31.5×0.02

④ $35.67 \div 8.2$ ⑤ $139.2 \div 4.35$ ⑥ $0.27 \div 2.16$

⑦ $\dfrac{1}{4} + \dfrac{3}{7}$ ⑧ $1\dfrac{1}{3} - \dfrac{5}{6}$ ⑨ $1\dfrac{5}{8} + 2\dfrac{7}{12}$

⑩ $\dfrac{2}{3} + \dfrac{1}{4} + \dfrac{3}{2}$ ⑪ $1\dfrac{5}{6} - \dfrac{1}{2} - \dfrac{2}{3}$ ⑫ $\dfrac{7}{9} + \dfrac{1}{6} - \dfrac{3}{4}$

4 次の⑧、⑪の角度は何度ですか。 1つ6〔12点〕

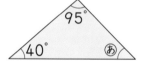

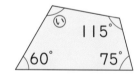

( ) ( )

5 次の図形の面積を求めましょう。 1つ6〔18点〕

① (平行四辺形)

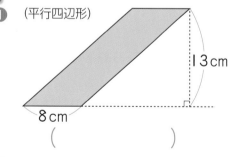

②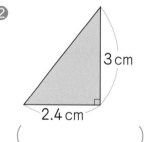

③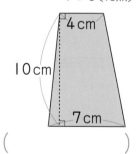

( ) ( ) ( )

6 右の立体の体積を求めましょう。 〔6点〕

( )

□ 分母のちがう分数のたし算やひき算ができたかな？
□ 三角形や、いろいろな四角形の面積を求めることができたかな？

まとめのテスト❷

時間 **20** 分

得点 /100点

教科書 **266～267ページ** 答え **22ページ**

1 ある市の人口は 54000 人で、面積は 73km² です。この市の人口密度を求めましょう。答えは $\frac{1}{10}$ の位を四捨五入して、整数で求めましょう。 〔13点〕

( )

2 みらいさんの学校の 5 年生は全部で 75 人で、このうち 30 人が北町に住んでいます。北町に住んでいる人数は、5 年生全体の人数の何％ですか。 〔12点〕

( )

3 ある小学校の児童数は、去年より 4％増えて 364 人になりました。去年の児童数は何人でしたか。 〔12点〕

( )

4 2 時間で 490km 飛んだヘリコプターの時速を求めましょう。 〔12点〕

( )

5 分速 850m で走っている自動車が 8 分で走る道のりは何 m ですか。 〔12点〕

( )

6 右の表は、いずみさんが食べた 5 日間の夕食にふくまれていた塩分を調べたものです。1 日に平均何 g の塩分をとりましたか。 〔13点〕

曜日	月	火	水	木	金
塩分(g)	2.9	3.8	3.2	6.7	2.2

( )

7 右の表は、ある市の 15 才以上について、職業別人口の割合を調べたものです。 1 つ13〔26点〕

❶ 職業別人口の割合を円グラフに表しましょう。

❷ 小売り・おろし売り業の人口は、何人ですか。

職業別人口の割合

職業	百分率(%)
小売り・おろし売り業	20
製造業	17
サービス業	14
建設業	9
その他	40
合計	100

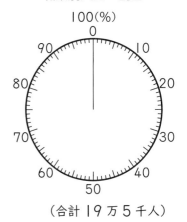

職業別人口の割合

(合計 19 万 5 千人)

( )

□ 割合を求めることができたかな？
□ 速さ、道のり、時間の関係がわかったかな？

111

● 5年の復習

まとめのテスト❸

時間 **20** 分

得点 /100点

教科書 264〜267ページ　答え 22ページ

1 次の数を書きましょう。　　　　　　　　　　　　　　1つ5〔10点〕

❶ 5.83 の 10 倍の数　　　　　　　❷ 90.1 の $\frac{1}{10}$ の数

（　　　　　　　）　　　　　　　（　　　　　　　）

2 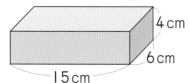 計算をしましょう。わり算はわりきれるまで計算しましょう。　1つ6〔54点〕

❶ 4.3×2.6　　　　　❷ 5.92×1.8　　　　　❸ 0.37×0.04

❹ 5.7÷9.5　　　　　❺ 17.39÷4.7　　　　　❻ 33.8÷5.2

❼ $\frac{4}{9}+\frac{5}{6}$　　　　　❽ $\frac{14}{15}-\frac{1}{3}$　　　　　❾ $4\frac{5}{7}-1\frac{1}{4}$

3 次の円の円周の長さを求めましょう。　　　　　　　　1つ5〔10点〕

❶ 直径 4cm の円　　　　　　　❷ 半径 9cm の円

（　　　　　　　）　　　　　　　（　　　　　　　）

4 次の立体の体積を求めましょう。　　　　　　　　　　1つ5〔10点〕

❶　4cm　6cm　15cm　　　　　❷　5cm　5cm　5cm

（　　　　　　　）　　　　　　　（　　　　　　　）

5 600g のさとうのうち、15% を使いました。使ったさとうは何 g ですか。　　〔5点〕

（　　　　　　　）

6 時速 45km で走っている自動車があります。この自動車が 180km 進むには、何時間かかりますか。　　〔6点〕

（　　　　　　　）

7 右の表は、ゆうたさんがあるゲームを 4 回したときの得点を表したものです。1 回に平均何点とったといえますか。　〔5点〕

回数	1回目	2回目	3回目	4回目
得点（点）	46	37	43	44

（　　　　　　　）

ふろくの「計算練習ノート」28〜29ページをやろう！

112

□ 小数のかけ算やわり算ができたかな？
□ 直方体や立方体の体積を求めることができたかな？

1つ6 [12点]

1

□にあてはまる数を書きましょう。

① 3.2×4×2.5＝3.2×(□ ×2.5)＝( )

② 4.3×7.6＋5.7×7.6＝(□ ＋ □)×7.6

＝ □

2

計算をしましょう。わり算はわりきれるまでしましょう。

1つ6 [36点]

① 1.6×3.8

（　　　　）

② 0.44×7.5

（　　　　）

③ 2.25×0.24

（　　　　）

④ 19.2÷1.2

（　　　　）

⑤ 2.4÷2.5

（　　　　）

⑥ 12÷6.4

（　　　　）

3

商を四捨五入して、$\frac{1}{10}$ の位まで求めましょう。

1つ6 [12点]

① 8.6÷2.4

（　　　　）

② 25.4÷5.6

（　　　　）

名前

得点

/100点

おわったら
シールを
はろう

時間 30分

教科書 16〜106ページ　答え 23ページ

4

① 次のともなって変わる2つの量、○と△の関係を式に表しましょう。

1つ5 [10点]

1mのねだんが80円のリボンの長さ○mと、代金△円

（　　　　）

② たての長さが5cmの長方形の、横の長さ○cmと、面積△cm²

（　　　　）

5

右の水そうの容積は何cm³ですか。また、何Lですか。

1つ6 [12点]

36cm　50cm　25cm

（　　　　　cm³）

（　　　　　L）

6

あ〜うの角の大きさは何度ですか。計算で求めましょう。

1つ6 [18点]

① 50°　75°　あ

② 65°　7cm　7cm　い

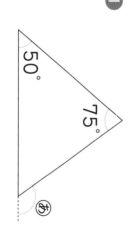

③ 120°　70°　う

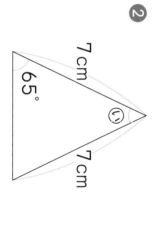

実力判定テスト
夏休みのテスト①

1 □にあてはまる数を書きましょう。　1つ6 [12点]

① $3.508＝1×□＋0.1×□＋0.01×□＋0.001×□$

② 42.16の100倍の数は□、1000倍の数は□、$\frac{1}{100}$の数は□、$\frac{1}{1000}$の数は□です。

2 計算をしましょう。わり算はわりきれるまでしましょう。　1つ6 [36点]

① $13×6.2$

② $3.5×1.6$

③ $0.84×0.15$

④ $6÷0.5$

⑤ $1.47÷3.5$

⑥ $0.88÷3.2$

3 商を一の位まで求めて、あまりもだしましょう。　1つ6 [12点]

① $9.4÷1.3$

② $63.2÷4.7$

4 3.5にある数をかけるのを、まちがえてその数でわってしまったので、答えが1.4になりました。このかけ算の正しい答えを求めましょう。　1つ6 [12点]

式

答え（　　　　　）

5 次のような立体の体積を求めましょう。　1つ6 [18点]

①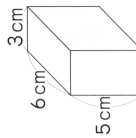
（6cm、5cm、3cm）
（　　　　　）

②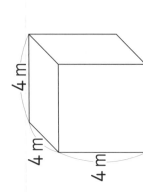
（4m、4m、4m）
（　　　　　）

③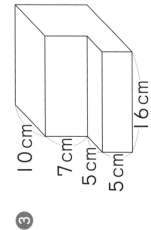
（10cm、7cm、5cm、5cm、6cm）
（　　　　　）

6 下の三角形と合同な三角形をかきましょう。　[10点]

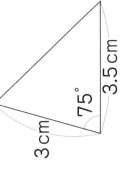
（3cm、75°、3.5cm）

実力判定テスト

冬休みのテスト①

時間 30分

名前

●勉強した日　　月　　日

得点　／100点

教科書 109〜211ページ

答え 23ページ

おわったらシールをはろう

1 次の問題に答えましょう。 1つ4 [12点]

① 6の倍数と9の倍数を、小さいほうから順に3つずつ書きましょう。

6の倍数 (　　　　　　)

9の倍数 (　　　　　　)

② 6と9の最小公倍数を求めましょう。

(　　　　　　)

2 次の問題に答えましょう。 1つ4 [12点]

① 4÷7の商を分数で表しましょう。

(　　　　　　)

② $\frac{5}{8}$ を小数で表しましょう。

(　　　　　　)

③ 0.57を分数で表しましょう。

(　　　　　　)

3 計算をしましょう。 1つ4 [24点]

① $\frac{2}{3} + \frac{1}{8}$

② $\frac{14}{15} + \frac{7}{10}$

③ $\frac{7}{9} - \frac{1}{6}$

④ $2\frac{2}{3} - 1\frac{5}{12}$

⑤ $\frac{1}{4} + \frac{1}{3} - \frac{1}{5}$

⑥ $\frac{2}{3} - 0.25$

4 次の重さの平均を求めましょう。 1つ5 [10点]

185kg　205kg　192kg　190kg　188kg　198kg

式

答え(　　　　　　)

5 次の問題に答えましょう。 1つ5 [30点]

① 25問のクイズで、18問に正解しました。かけるさんが正解した割合を、百分率で表しましょう。

式

答え(　　　　　　)

② 地区の祭りの昨年の参加者は770人でした。今年の参加者の人数は、昨年の参加者の人数の110%にあたります。今年の参加者の人数は何人ですか。

式

答え(　　　　　　)

③ ぼうしが2450円で売られています。これは、定価の30%引きにあたるそうです。このぼうしの定価はいくらですか。

式

答え(　　　　　　)

6 下の図で、色のついた部分の周りの長さを求めましょう。 1つ6 [12点]

①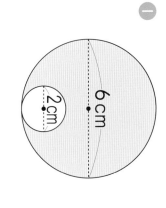

6cm　2cm

②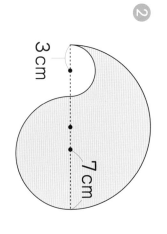

3cm　7cm

(　　　　　　)

名前 ( )

得点 /100点

教科書 109〜211ページ　答え 23ページ

時間 30分

冬休みのテスト②

1 次の問題に答えましょう。 1つ4 [12点]

① 32 の約数と 40 の約数を、それぞれ全て書きましょう。

32 の約数 ( )

40 の約数 ( )

② 32 と 40 の最大公約数を求めましょう。

( )

2 次の分数を約分しましょう。 1つ4 [8点]

① $\dfrac{26}{65}$

② $\dfrac{72}{90}$

3 ( )の中の分数を通分しましょう。 1つ5 [10点]

① $\left(\dfrac{5}{6}\quad\dfrac{4}{9}\right)$

② $\left(\dfrac{5}{8}\quad\dfrac{11}{36}\right)$

4 計算をしましょう。 1つ5 [30点]

① $1\dfrac{1}{3}+\dfrac{7}{6}$

② $1\dfrac{3}{10}+\dfrac{8}{15}$

③ $\dfrac{11}{12}-\dfrac{3}{4}$

④ $2\dfrac{2}{5}-1\dfrac{11}{15}$

⑤ $1\dfrac{1}{2}-\dfrac{3}{4}-\dfrac{5}{12}$

⑥ $1.35+\dfrac{5}{8}$

5 バスターミナルから、北町行きのバスは 12 分おきに、南町行きのバスは 9 分おきに発車します。午前 8 時 40 分に、2つのバスが同時に発車しました。次に同時に発車するのは、何時何分ですか。 [10点]

( )

6 右の表は、AとBの畑の面積と、とれたじゃがいもの重さを表したものです。 1つ4 [12点]

	面積(m²)	とれた重さ(kg)
A	150	480
B	400	1120

① AとBそれぞれの畑で、1 m² あたりのとれたじゃがいもの重さを求めましょう。

A ( ) B ( )

② どちらの畑のほうが、とれ高が良いといえますか。

( )

7 下の表は、ある町の昨年の果実の収かく量を表したものです。 1つ3 [18点]

果実の収かく量と割合

種類	りんご	ぶどう	西洋なし	さくらんぼ	その他	合計
収かく量(t)	468	192	180	132	228	1200
百分率(%)						100

① 全体に対するそれぞれの割合を百分率で求めて、上の表に書きましょう。

② 果実の収かく量の割合を、帯グラフに表しましょう。

果実の収かく量の割合

0 10 20 30 40 50 60 70 80 90 100(%)

(合計 1200t)

学年末のテスト②

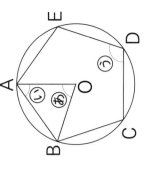

時間 30分

名前

得点 ／100点

教科書 16〜258ページ　答え 24ページ

1 計算をしましょう。　1つ5 [30点]

① $\dfrac{1}{2} + \dfrac{3}{8}$

② $\dfrac{1}{6} + \dfrac{3}{10}$

③ $1\dfrac{3}{4} + 1\dfrac{1}{6}$

④ $\dfrac{4}{9} - \dfrac{1}{3}$

⑤ $\dfrac{3}{10} - \dfrac{2}{15}$

⑥ $2\dfrac{5}{6} - 1\dfrac{7}{18}$

2 □にあてはまる数を書きましょう。　1つ5 [15点]

① 25L は、125L の □ ％です。

② 480円の40%は □ 円です。

③ 300円は、□ 円の60％です。

3 400円のケーキを、30%引きのねだんで買いました。代金はいくらですか。　1つ5 [10点]

式

答え

4 右の図のように、円の中に正五角形があります。点Oは円の中心です。あ〜うの角度は何度ですか。　1つ5 [15点]

（図：円の中に正五角形 A, B, C, D, E と中心 O、角 あ い う）

あ（　）
い（　）
う（　）

5 右の図は、ある立体の展開図です。　1つ6 [12点]

（図：展開図、6cm、10cm、A B C D）

① この展開図を組み立ててできる立体の名前を答えましょう。

② 辺ADの長さは何cmですか。

6 右の円グラフは、めぐみさんの妹さんの1日の生活時間の割合を表したものです。　1つ6 [18点]

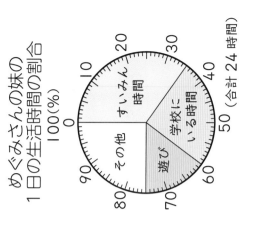

1日の生活時間の割合
（すいみん時間、学校にいる時間、遊び、その他）（合計 24 時間）

① すいみん時間の割合は、何％ですか。

② すいみん時間は、学校にいる時間の何倍ですか。

③ 学校にいる時間は、何時間ですか。

実力判定テスト　学年末のテスト①

名前

教科書　16〜258ページ　答え　24ページ

得点　/100点

時間30分

1 計算をしましょう。わり算はわりきれるまでしましょう。 1つ5〔30点〕

① 14.5×0.6
（　　　）

② 0.4×0.03
（　　　）

③ 1.24×0.75
（　　　）

④ $2.79 \div 1.86$
（　　　）

⑤ $12 \div 7.5$
（　　　）

⑥ $0.16 \div 2.5$
（　　　）

2 小数で表した割合を百分率で、百分率で表した割合を小数で表しましょう。 1つ5〔20点〕

① 0.09
（　　　）

② 0.8
（　　　）

③ 65%
（　　　）

④ 130%
（　　　）

3 ある小学校の昨年の児童数は、600人でした。今年は昨年より、4%増えたそうです。今年の児童数は何人ですか。 1つ5〔10点〕

式

答え（　　　）

4 1.8Lの水を、右の図のような内のりの1辺が15cmの立方体の形をした入れ物にうつします。水の深さは何cmになりますか。 〔5点〕

15cm　15cm　15cm

答え（　　　）

5 次の問題に答えましょう。 1つ5〔20点〕

① 14kmの道のりを4時間で歩く人の速さは時速何kmですか。

式

答え（　　　）

② 秒速15mの自動車が2.7kmの道のりを進むには、何分かかりますか。

式

答え（　　　）

6 次の図形の面積を求めましょう。 1つ5〔15点〕

① 平行四辺形

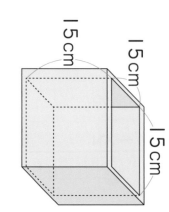

5cm
7cm
（　　　）

②

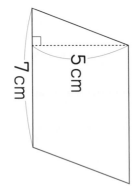

5cm
8cm
（　　　）

③

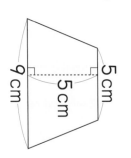

5cm
5cm
9cm
（　　　）

まるごと 文章題テスト ①

いろいろな文章題にチャレンジしよう！

1

りんごとバナナとみかんが1つずつあります。りんごの重さはバナナの重さの1.6倍で、バナナの重さは120g、みかんの重さは150gです。

1つ5〔20点〕

① みかんの重さは、バナナの重さの何倍ですか。

式

答え（　　　）

② りんごの重さは何gですか。

式

答え（　　　）

2

1mの重さが1.6kgの金属のぼうがあります。このぼう1.75mの重さは何kgですか。

1つ5〔10点〕

式

答え（　　　）

3

28.5Lのジュースを1.8Lずつペットボトルに分けます。1.8L入ったペットボトルは何本できて、ジュースは何Lあまりますか。

1つ5〔10点〕

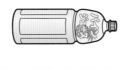

式

答え（　　　できて、　　　あまる。）

4

2 2/3 Lの油があります。そのうち 7/6 Lを使いました。残りの油は何Lですか。

1つ5〔10点〕

式

答え（　　　）

5

ある駅では、電車が15分おきに、バスが25分おきに発車します。午後1時に電車とバスが同時に発車しました。次に同時に発車するのは、何時何分ですか。

〔10点〕

6

なおみさんは計算テストを5回受けました。4回目までの平均点は7.5点でした。5回目は9点でした。5回のテストの平均点は何点ですか。

1つ5〔10点〕

式

答え（　　　）

7

はやとさんは900mを12分で歩きます。

1つ5〔20点〕

① はやとさんの歩く速さは、時速何kmですか。

式

答え（　　　）

② はやとさんが3.6kmの道のりを進むには、何分かかりますか。

式

答え（　　　）

8

まなさんは480円持ってお店に行き、216円のおかしを買いました。残りのお金は、持っていたお金の何%にあたりますか。

1つ5〔10点〕

式

答え（　　　）

集中測定テスト

まるごと 文章題テスト ②

いろいろな文章題にチャレンジしよう！

時間 30分

名前 □□□

得点 □/100点

答え 24ページ

---

1 2mのねだんが150円のリボンがあります。このリボン4.4mの代金はいくらですか。　1つ5 [10点]

式

答え（　　　　）

2 体積が9.6m³の直方体があります。たての長さが2.5m、横の長さが1.6mであるとき、直方体の高さは何mですか。　1つ5 [10点]

式

答え（　　　　）

3 今年とれた米の量は102kgで、昨年の0.85倍だそうです。昨年とれた米の量は何kgですか。　1つ5 [10点]

式

答え（　　　　）

4 たて6cm、横10cmの長方形の色紙を、同じ向きにすき間なくならべてできる、いちばん小さい正方形を作りました。　1つ10 [20点]

① この正方形の1辺の長さは何cmですか。

② ならべた色紙は何まいですか。

---

5 まいさんの家から学校までの道のりは $\frac{7}{10}$ km、図書館までの道のりは $\frac{11}{15}$ km です。どちらがどれだけ遠いですか。　1つ5 [10点]

式

答え（　　　　）

6 自動車Aは、36Lのガソリンで540km走ります。自動車Bは、25Lのガソリンで450km走ります。同じ道を360km走るとき、使うガソリンの量の差は何Lですか。　1つ5 [10点]

式

答え（　　　　）

7 さやさんは、駅から公園まで、かた道4.5kmの道のりを往復しました。　1つ6 [18点]

① 行きは午前9時30分に駅を出発して、分速90mで歩きました。公園に着くのは何時何分ですか。

② 帰りは1時間15分かけて駅にもどりました。帰りは分速何mで歩きましたか。

式

答え（　　　　）

8 ジュースが2.5Lありました。昨日その うちの20%を飲み、今日は残りの40%を飲みました。ジュースは何L残っていますか。　1つ6 [12点]

式

答え（　　　　）

教科書ワーク

答えとてびき

「答えとてびき」は、とりはずすことができます。

大日本図書版

算数 **5** 年

使い方

まちがえた問題は、もういちどよく読んで、なぜまちがえたのかを考えましょう。正しい答えを知るだけでなく、なぜそうなるかを考えることが大切です。

---

1 数のしくみを調べよう

2ページ 基本のワーク

答え**①** 1、1、右、2、左、2

答え 10倍…376、100倍…3760、$\frac{1}{10}$…3.76、$\frac{1}{100}$…0.376

① ① 45.7　② 63　③ 0.948
④ 0.825　⑤ 2.94　⑥ 0.179

答え**②**　　答え 一番大きい小数…98.631
一番小さい小数…13.689

② 97.641

てびき **②** 一番大きい数をつくるときは、上の位から、大きい順に数をあてはめます。

3ページ まとめのテスト

1 ① 100　② 328　③ 0.0328
④ $\frac{1}{10}$　⑤ $\frac{1}{100}$

2 ① 1.462　② 0.489　③ 270
④ 0.602　⑤ 0.8542　⑥ 7263
⑦ 0.5　⑧ 0.315　⑨ 29.7

3 ① 100倍　② 1000倍

4 ① 1000、100、10、5
② 10、1、0.1、0.01
③ 8.063　④ 0.1、0.01、0.001

てびき **1** 整数も小数も、10倍、100倍すると小数点は右へ、$\frac{1}{10}$、$\frac{1}{100}$にすると小数点は左へ、それぞれ1けた、2けた移ります。

---

2 図形の角の大きさを調べよう

4・5ページ 基本のワーク

答え**①** 60、75　　　　　　　答え 75

① ① 式 180°−(80°+40°)=60°　答え 60°
② 式 (180°−70°)÷2=55°　答え 55°
③ 式 180°−(20°+35°)=125°　答え 125°
④ 式 180°−(40°+65°)=75°
180°−75°=105°　答え 105°

答え**②** 70、100、105　　　　答え 105

② ① 式 360°−(120°+75°+90°)=75°
答え 75°
② 式 360°−(80°+55°+115°)=110°
答え 110°
③ 式 360°−(85°+75°+80°)=120°
答え 120°
④ 式 360°−(80°+95°+70°)=115°
180°−115°=65°　答え 65°

てびき **①** ② 二等辺三角形だから、70°でない2つの角の大きさは等しくなっています。
④ まず、㋐ととなり合う角の大きさを求めます。

6・7ページ 基本のワーク

答え**①** 3、3、540、4、4、720
答え 五角形…540、六角形…720

① ① 七角形　② 4本　③ 5つ
④ 900°

② 1080°

1

② エ、ア、イ、ウ　　　　　　答え ❶ イ ❷ ウ

❸ ア

❹ エ

❺ 右の図

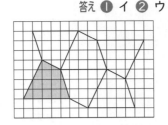

てびき　❷ 八角形は、右の図のよう
に 6 つの三角形に分けられるから、
180°×6＝1080°

❸ 1 つの点に、三角形の 3 つの角が 2 組集ま
ります。同じ長さの辺が重なります。

8ページ　練習のワーク

❶ ❶ 65°　　　❷ 55°　　　❸ 40°
　❹ 80°
❷ ❶ 100°　　❷ 80°　　　❸ 105°
　❹ 65°
❸ ❶ 7つ　　　　　　　　❷ 1260°

てびき
❶ ❶ 180°−(85°+30°)＝65°
❷ 180°−(90°+35°)＝55°
❸ 180°−70°×2＝40°
❹ 125°の角ととなり合う角の大きさは
180°−125°＝55°だから、
ⓔ…180°−(45°+55°)＝80°
❷ ❶ 360°−(105°+80°+75°)＝100°
❷ 360°−(95°+60°+125°)＝80°
❸ ⓚの角ととなり合う角の大きさは
360°−(130°+90°+65°)＝75°だから、
ⓚ…180°−75°＝105°
❹ 110°の角ととなり合う角の大きさは
180°−110°＝70°だから、
ⓖ…360°−(120°+70°+105°)＝65°
❸ ❷ 180°×7＝1260°

9ページ　まとめのテスト

❶ ❶ 70°　　❷ 135°　　❸ 45°
　❹ 65°　　❺ 80°　　❻ 75°
❷ ❶ ⓐ　　❷ ⓤ　　❸ ⓔ
❸ ❶ 10個　　　　　❷ 1440°

てびき
❸ ❶ 右の図のように、
10 個の三角形に分けられます。
❷ 180°×10−360°＝1440°

③ ともなって変わる 2 つの量を調べよう

10ページ　基本のワーク

① 3、4　　　　　　　　　　　答え 比例
❶ ❶

1 辺の長さ ○(cm)	1	2	3	4	5	6
まわりの長さ△(cm)	3	6	9	12	15	18

❷ 比例している。　　❸ ○×3＝△
❷ ❶

個数○(個)	1	2	3	4	5	6
代金△(円)	50	100	150	200	250	300

❷ 比例している。
❸
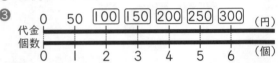

てびき
❶ 正三角形の 1 辺の長さ×3 がまわ
りの長さになります。
❷ 50×ガムの個数が代金になります。

11ページ　まとめのテスト

❶ ❶

時間　　○(分)	1	2	3	4	5	6
水のかさ△(cm)	2	4	6	8	10	12

❷ 比例している。　　❸ 2×○＝△
❹ 14 分後
❷ ❶

長さ○(m)	1	2	3	4	5	6
代金△(円)	70	140	210	280	350	420

❷ 比例している。
❸
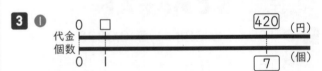

❸ ❶
代金　　　　□　　　　　　　420 (円)
個数　　　　1　　　　　　　　7 (個)

❷ 式 420÷7＝60　　　　　　答え 60 円

てびき
❶ ❹ 28÷2＝14

④ 小数をかける計算を考えよう

12・13ページ　基本のワーク

① 《1》10、17、17、68
《2》1、10、68　　　　　　　　答え 68
❶ ❶ 式 50×2.3＝115　　　　答え 115 円

2

② 式 90×3.5=315 答え 315円
基本2 7、140、14 答え 14
② 式 130×0.6=78 答え 78円
基本3 28、392、39.2 答え 39.2

```
  14
× 2.8
─────
 112
 28
─────
 39.2
```

❸ **①**
```
  23
×2.9
─────
 207
46
─────
66.7
```
②
```
  24
×0.6
─────
14.4
```
③
```
  17
×1.3
─────
 51
 17
─────
22.1
```
④
```
  39
×0.8
─────
31.2
```
⑤
```
   6
×4.5
─────
 30
24
─────
27.0
```
⑥
```
   8
×3.7
─────
 56
24
─────
29.6
```

てびき ❸⑤ 積の小数点をうってから、小数点より右にある一番下の位の0を消すようにしましょう。

14・15ページ 基本のワーク

基本1 《1》351、3.51、3.51
《2》3.51 答え 3.51

```
  1.3
×2.7
─────
 91
26
─────
3.51
```

❶ **①**
```
  3.6
×4.2
─────
 72
144
─────
15.12
```
②
```
  4.7
×8.5
─────
 235
376
─────
39.95
```
③
```
  3.9
×1.6
─────
234
 39
─────
6.24
```
④
```
  2.6
×1.3
─────
 78
26
─────
3.38
```
⑤
```
  3.1
×2.9
─────
279
62
─────
8.99
```
⑥
```
  6.4
×7.6
─────
384
448
─────
48.64
```
⑦
```
  9.3
×0.5
─────
4.65
```
⑧
```
  6.1
×0.4
─────
2.44
```
⑨
```
  7.4
×0.8
─────
5.92
```

基本2
```
  3.57
× 2.6
──────
2142
714
──────
9.282
```
答え 9.282

❷ **①**
```
  4.38
× 3.2
──────
 876
1314
──────
14.016
```
②
```
  5.6
×1.23
──────
 168
112
56
──────
6.888
```
③
```
  0.7
×6.09
──────
 63
42
──────
4.263
```
④
```
  3.42
×2.18
──────
2736
342
684
──────
7.4556
```

基本3 **①**
```
  3.16
×2.75
──────
1580
2212
632
──────
8.6900
```
答え 8.69

②
```
0.4 ── 1けた
×0.2 ── 1けた
──────
0.08 ── 2けた
```
答え 0.08

❸ **①**
```
  7.25
× 4.8
──────
5800
2900
──────
34.800
```
②
```
  8.4
×2.5
─────
420
168
─────
21.00
```
③
```
  6.2
×0.95
──────
310
558
──────
5.890
```
④
```
  3.5
×4.6
─────
210
140
─────
16.10
```
⑤
```
  0.6
×0.3
─────
0.18
```
⑥
```
  0.72
× 0.5
──────
0.360
```
⑦
```
  0.09
×0.34
──────
 36
27
──────
0.0306
```
⑧
```
  0.07
×0.08
──────
0.0056
```

16・17ページ 基本のワーク

基本1 **①** 72、52、28、12 答え 72、52、28、12
② ＞、＞、＜、＜、小さい 答え かける数が1より小さいとき。
❶ ⒤、ⓔ わけ…かける数が1より小さいから。
❷ ⓚ、ⓒ
基本2 《1》693、693、6.93
《2》2.1、3.3、6.93 答え 6.93
❸ 式 1.8×4.5=8.1 答え 8.1cm²
❹ 式 0.4×0.4=0.16 答え 0.16m²
基本3 **①** 10、17 答え 17
② 5.1、3.8、5.1、10、51 答え 51
❺ **①** 4.3×1.25×8=4.3×(1.25×8)
  =4.3×10=43
② 0.25×7.9×4=0.25×4×7.9
  =1×7.9=7.9
③ 3.6×5.1+2.4×5.1
  =(3.6+2.4)×5.1=6×5.1=30.6
④ 6.18×4.2+3.82×4.2
  =(6.18+3.82)×4.2=10×4.2=42

てびき ❺③、④ 同じ数に目をつけます。

18ページ 練習のワーク①

❶ **①**
```
  13.6
× 2.4
──────
 544
272
──────
32.64
```
②
```
  0.95
×0.62
──────
 190
570
──────
0.5890
```

❷ ❶
```
   2 7
 ×0.3
   8.1
```
❷
```
  1 4 0
 ×  0.8
  1 1 2.0
```
❸
```
    3.9
  ×4.6
    2 3 4
  1 5 6
  1 7.9 4
```

❹
```
   7.2
 ×0.9
   6.4 8
```
❺
```
    5.1 6
  ×1.0 7
    3 6 1 2
  5 1 6
  5.5 2 1 2
```
❻
```
   3 0.8
 ×  0.2 4
   1 2 3 2
 6 1 6
 7.3 9 2
```

❼
```
   0.8 5
 ×  0.5
   0.4 2 5
```
❽
```
    0.3 6
 ×  0.2 5
    1 8 0
   7 2
  0.0 9 0 0
```

❸ ❶ ＞ ❷ ＞
❹ 式 18.4×7.5＝138 答え 138 km

---

19 ページ 練習のワーク❷

❶ ❶ 10 ❷ 100

❷ ❶
```
    1 3
  ×1.9
  1 1 7
  1 3
  2 4.7
```
❷
```
   5 0
 ×0.8
  4 0.0
```
❸
```
    4.6
  ×2.7
    3 2 2
  9 2
  1 2.4 2
```

❹
```
    0.2
 ×0.0 4
  0.0 0 8
```
❺
```
     3.0 8
  ×  2.5 1
     3 0 8
   1 5 4 0
  6 1 6
  7.7 3 0 8
```
❻
```
   7.9 5
 ×  0.6
   4.7 7 0
```

❸ ❶ 4×6.9×2.5＝4×2.5×6.9
＝10×6.9＝69
❷ 0.8×3.4+0.8×2.6
＝0.8×(3.4+2.6)＝0.8×6＝4.8
❸ 3.14×8×1.25＝3.14×(8×1.25)
＝3.14×10＝31.4
❹ 1.35×2.3+1.65×2.3
＝(1.35+1.65)×2.3＝3×2.3＝6.9
❹ 式 51 cm＝0.51 m 0.51×1.2＝0.612
答え 0.612 m²

---

20 ページ まとめのテスト❶

❶ ❶
```
    1 3
  ×1.5
    6 5
  1 3
  1 9.5
```
❷
```
     5.1 2
  ×  2.3
   1 5 3 6
  1 0 2 4
  1 1.7 7 6
```
❸
```
     0.9
 ×  0.3 1
     9
   2 7
  0.2 7 9
```

❹
```
   3.6
 ×0.5
   1.8 0
```
❺
```
     5.2 8
   ×  3.4
   2 1 1 2
  1 5 8 4
  1 7.9 5 2
```
❻
```
     2.4 1
   ×  5.2
     4 8 2
  1 2 0 5
  1 2.5 3 2
```

❼
```
   9.5 4
 ×  0.4
   3.8 1 6
```
❽
```
      2.5 1
   ×6.3 7
    1 7 5 7
   7 5 3
  1 5 0 6
  1 5.9 8 8 7
```

❷ ⓘ、ⓔ

---

❸ 式 2.7×1.4＝3.78 答え 3.78 kg
❹ 式 70 cm＝0.7 m 0.7×1.3＝0.91
答え 0.91 m²
❺ ❶ 1.9×3.8+8.1×3.8
＝(1.9+8.1)×3.8
＝10×3.8＝38
❷ 8×5.3×1.25＝8×1.25×5.3
＝10×5.3＝53
❸ 6.7×2.1−3.7×2.1
＝(6.7−3.7)×2.1
＝3×2.1＝6.3
❹ 7.6×4×2.5＝7.6×(4×2.5)
＝7.6×10＝76

てびき ❹ 70 cm を m の単位になおしてから
計算します。

---

21 ページ まとめのテスト❷

❶ ❶
```
    1 8
  ×1.6
  1 0 8
  1 8
  2 8.8
```
❷
```
     9
 ×0.8
   7.2
```
❸
```
    5.1
  ×6.7
    3 5 7
  3 0 6
  3 4.1 7
```

❹
```
    2.3
  ×4.7
  1 6 1
  9 2
  1 0.8 1
```
❺
```
     1.8 3
   ×  2.8
   1 4 6 4
  3 6 6
  5.1 2 4
```
❻
```
      4.1 9
   ×1.5 3
    1 2 5 7
   2 0 9 5
  4 1 9
  6.4 1 0 7
```

❼
```
   6.1 8
 ×  1.5
   3 0 9 0
 6 1 8
 9.2 7 0
```
❽
```
      0.0 7
   ×0.1 4
    2 8
   7
  0.0 0 9 8
```

❷ ⓐ、ⓒ
❸ 式 8.3×25.4＝210.82 答え 210.82 m²
❹ 式 2.4×6.3−2.4×1.3
＝2.4×(6.3−1.3)＝12 答え 12 cm²
❺ ❶ 4.6×9.1+3.4×9.1＝(4.6+3.4)×9.1
＝8×9.1＝72.8
❷ 12.5×8.3×0.8＝12.5×0.8×8.3
＝10×8.3＝83
❸ 5.6×4.2−3.6×4.2
＝(5.6−3.6)×4.2＝2×4.2＝8.4
❹ 2.9×2.5×4＝2.9×(2.5×4)
＝2.9×10＝29

てびき ❹ 白い部分を
右の図のように移して、
2.4×(6.3−1.3) と考え
ることもできます。

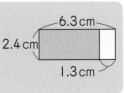

たしかめよう！

1 小数のかけ算の筆算は、次のようにします。
1．小数点がないものとして計算する。
2．積の小数点は、かけられる数とかける数の小数点の右にあるけた数の和だけ、右から数えてうつ。

---

5 直方体や立方体のかさの表し方を考えよう

22・23ページ 基本のワーク

基本**1** 60、64、64　　　　　　　答え ⓘ、4

❶ 〈例〉2cm³の直方体を半分にした立体だから、
　　2÷2＝1(cm³)
〈例〉1cm³の立方体の半分を、2つ合わせた立体
だから、0.5＋0.5＝1(cm³)

基本**2** 横、高さ、6、3、72　　　　　答え 72

❷ ❶ 式 6×7×10＝420　　　　答え 420cm³
　　❷ 式 7×7×7＝343　　　　答え 343cm³

基本**3** 《1》5、4、84
　　《2》4、8、4、84
　　《3》8、6、5、4、84　　　　答え 84

❸ 式 〈例〉2×6×4－2×(6－2×2)×2＝40
　　　　　　　　　　　　　　　答え 40cm³

基本**4** 3、○、3、4、比例
　　㋐ 18　㋑ 24　㋒ 30　㋓ 36
　　　　　　　　　　　　　　答え いえる

❹ 4032cm³

てびき **❹** ⓘの直方体の高さは、⓪の直方体の高さの4倍だから、ⓘの体積は⓪の体積の4倍になります。

24・25ページ 基本のワーク

基本**1** 横、高さ、6、2、48　　　　答え 48

❶ ❶ 式 8×5×7＝280　　　　答え 280m³
　　❷ 式 6×6×6＝216　　　　答え 216m³

基本**2** ❶ 200、90、2160000
　　❷ 2、0.9、2.16
　　　　答え ❶ 2160000　❷ 2.16

❷ 式 3×0.7×1.3＝2.73　　　答え 2.73m³

基本**3** 1000、1000、1000、1000
　　　　　　答え 1000、1000

❸ ❶ 4000000　❷ 5000
　　❸ 350　❹ 8

基本**4** 8、1、5、8、5、400　　　答え 400

---

❹ ❶ 式 40×60×50＝120000
　　　　　　　　　　答え 120000cm³
　　❷ 120L

てびき **❸** ❷ 1L＝1000cm³だから、
　　5L＝5000cm³
　　❸ 1mLは1Lの$\frac{1}{1000}$だから、
　　1mL＝1cm³　350cm³＝350mL
　　❹ 容器の内のりは、たてが 42－2＝40(cm)、
　　横が 62－2＝60(cm)、
　　高さが 51－1＝50(cm)です。

26ページ 練習のワーク

❶ ❶ 式 7×20×12＝1680　　答え 1680cm³
　　❷ 式 9×9×9＝729　　　答え 729cm³
　　❸ 式 0.2×1×0.3＝0.06　　答え 0.06m³
　　別解 式 20×100×30＝60000
　　　　　　　　　　　　答え 60000cm³
　　❹ 式 3.5×4×7.5＝105　　答え 105cm³

❷ 式 〈例〉7×5×2＝70　　　答え 70cm³

❸ 式 〈例〉50×30×15＋20×30×(20＋15)
　　　　　　＋20×60×15＝61500
　　　　　　　　　　答え 61500cm³

❹ ❶ 式 (142－2)×(92－2)×(66－1)
　　　　　　　　＝819000
　　　　　　　　答え 819000cm³
　　❷ 819L

てびき **❸** ここでは、右の図のような3つの直方体に分けて、体積の和を求めました。分け方は何通りもあります。どう分ければ体積が求めやすいかを考えましょう。

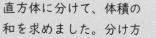

❹ たての長さも cm の単位にそろえます。

27ページ まとめのテスト

1 ❶ 式 7×9×6＝378　　　　答え 378cm³
　　❷ 式 1.2×1.2×1.2＝1.728　答え 1.728m³
　　❸ 式 0.8×1×1.3＝1.04　　答え 1.04m³
　　別解 式 80×100×130＝1040000
　　　　　　　　　　答え 1040000cm³

2 3696cm³

3 ❶ 1500　　　　　❷ 5

4 式 〈例〉8×9×(5＋2)－8×2×2
　　　　　　　　　－8×2×5＝392
　　　　　　　　　　答え 392cm³

5 ① 式 $14-2\times2=10$ $19-2\times2=15$
$10\times15\times2=300$

答え 300 cm³

② 3 cm

てびき
1 ③ 単位をそろえてから計算します。
5 切り取った長さが容器の高さになります。
① 容器のたては $14-2\times2=10$(cm)、
横は $19-2\times2=15$(cm)
② 切り取った長さが 1 cm のとき、
$12\times17\times1=204$(cm³)
3 cm のとき、$8\times13\times3=312$(cm³)
4 cm のとき、$6\times11\times4=264$(cm³)
5 cm のとき、$4\times9\times5=180$(cm³)
6 cm のとき、$2\times7\times6=84$(cm³)

たしかめよう！

$1\,m^3=1000000\,cm^3$ $1\,L=1000\,cm^3$
$1\,m^3=1000\,L$ $1\,mL=1\,cm^3$

6 小数でわる計算を考えよう

28・29 ページ 基本のワーク

基本**1** 《1》17、10、10、50
《2》10、10、17、50   答え 50
1 式 $56\div0.4=140$ 答え 140 円
基本**2** 《1》35、4 《2》1、4   答え 4

2 ①
```
        5
3,4)17,0
    170
      0
```
②
```
        8
4,5)36,0
    360
      0
```
③
```
       54
1,5)81,0
    75
    60
    60
     0
```
④
```
       15
4,6)69,0
    46
    230
    230
      0
```
⑤
```
       25
1,8)45,0
    36
    90
    90
     0
```
⑥
```
       50
1,3)65,0
    65
     0
```
⑦
```
       35
0,2)7,0
    6
    10
    10
     0
```
⑧
```
       95
0,8)76,0
    72
    40
    40
     0
```
⑨
```
      210
0,3)63,0
    6
     3
     3
     0
```

基本**3** 《1》14、3 《2》10、10、3   答え 3

3 ①
```
        4
1,8)7,2
    72
     0
```
②
```
        8
0,6)4,8
    48
     0
```
③
```
        9
4,7)42,3
    423
      0
```
④
```
       23
0,7)16,1
    14
    21
    21
     0
```
⑤
```
       14
5,1)71,4
    51
    204
    204
      0
```
⑥
```
       17
2,9)49,3
    29
    203
    203
      0
```

30・31 ページ 基本のワーク

基本**1** 《1》76.8、3.2 《2》10、10、3.2
答え 3.2

1 ①
```
       3.8
1,7)6,4.6
    51
    136
    136
      0
```
②
```
       2.9
1,3)3,7.7
    26
    117
    117
      0
```
③
```
       9.4
0,7)6,5.8
    63
    28
    28
     0
```
④
```
       0.6
3,6)2,1.6
    216
      0
```
⑤
```
       1.9
5,8)11,0.2
    58
    522
    522
      0
```
⑥
```
      20.5
0,9)18,4.5
    18
     45
     45
      0
```

基本**2** 100、100、1.7   答え 1.7

2 ①
```
        1.3
0,41)0,5.3.3
     41
     123
     123
       0
```
②
```
        0.7
0,53)0,3.7.1
     371
       0
```
③
```
        8
0,72)5,7.6
     576
       0
```
④
```
       19
0,26)4,9.4
     26
     234
     234
       0
```
⑤
```
        5
1,24)6,2.0
     620
       0
```
⑥
```
       24
0,35)8,4.0
     70
     140
     140
       0
```

基本**3** ① 180、150、75、60
答え 180、150、75、60

② ＞、＞、＜、＜、小さい
答え 1 より小さい数でわるとき。

③ あ、え

6

基本のワーク

基本 **1** 　2.4、3.5、120、3.5　　　　　　　　　　　答え 3.5

❶ ①
```
        1.2
6.5 ) 7.8
       6 5
       1 3 0
       1 3 0
           0
```

②
```
          1 5.7 5
0.8 ) 1 2.6
        8
        4 6
        4 0
          6 0
          5 6
            4 0
            4 0
              0
```

③
```
              2.4
4.2 5 ) 1 0.2 0
          8 5 0
          1 7 0 0
          1 7 0 0
                0
```

④
```
          2.5
3.6 ) 9.0
       7 2
       1 8 0
       1 8 0
           0
```

⑤
```
          8.4
7.5 ) 6 3.0
       6 0 0
       3 0 0
       3 0 0
           0
```

⑥
```
          0.6 2 5
0.8 ) 0.5.0
         4 8
         2 0
         1 6
           4 0
           4 0
             0
```

基本 **2** 　⑦ 2.7　　④ 3　　⑨ 3　　④ 0.4

答え 3、0.4

❷ ①
```
          3.9
0.6 ) 2.3.5
       1 8
       5 5
       5 4
       0.0 1
```

②
```
          2.1
3.1 ) 6.8
       6 2
       6 0
       3 1
       0.2 9
```

③
```
              6.4
0.4 2 ) 2.7 0
          2 5 2
          1 8 0
          1 6 8
          0.0 1 2
```

基本 **3** 　5.6、5.71　　　　　　　　　　　　答え 5.7

❸ ① 3.7　　② 4.6　　③ 2.3

基本 **4** 　① 0.2　　　　　　　　　　　　　　答え 0.2

② 5　　　　　　　　　　　　　　　　答え 5

❹ ① 式 4.5÷1.8=2.5　　　　　　　　答え 2.5 m²

② 式 1.8÷4.5=0.4　　　　　　　　答え 0.4 L

てびき ❷ あまりの小数点は、わられる数のもとの小数点にそろえてうちます。

❸ ①
```
          3.7 ＼
0.7 ) 2.6
       2 1
       5 0
       4 9
         1 0
          7
          3
```

②
```
            6
            4.5 ＼6
4.1 ) 1 8.7
       1 6 4
       2 3 0
       2 0 5
         2 5 0
         2 4 6
           4
```

③
```
                3
              2.2 5
0.1 9 ) 0.4 2.8
            3 8
            4 8
            3 8
          1 0 0
            9 5
            5
```

基本のワーク

基本 **1** 　3.6、2.4　　　　　　　　　　　答え 2.4

❶ ① 式 7÷1.4=5　　　　　　　　　　答え 5 倍

② 式 1.4÷7=0.2　　　　　　　　　答え 0.2 倍

基本 **2** 　0.6、0.9　　　　　　　　　　　答え 0.9

❷ ① 式 6×1.7=10.2　　　　　　　　答え 10.2 cm

② 式 6×0.8=4.8　　　　　　　　　答え 4.8 cm

基本 **3** 　6.5、6.5、0.4　　　　　　　　　答え 0.4

❸ 式 630÷1.5=420

630÷0.7=900

答え 妹…420 円、お姉さん…900 円

基本 **4** 　1.3、1.2　　　　　　　　　　　答え ⓐ

❹ 式 1.5÷1.2=1.25

1.1÷0.8=1.375

答え 白いうさぎのほうがより、
体重が増えたといえる。

てびき ❸ もとにする量を求めるときは、かけ算の式に表すと考えやすくなります。
妹のおこづかいを□円とすると、
□×1.5=630
□=630÷1.5
=420

練習のワーク

❶ ①
```
          8 5
0.2 ) 1 7.0
       1 6
       1 0
       1 0
         0
```

②
```
          1 6
1.5 ) 2 4.0
       1 5
       9 0
       9 0
         0
```

③
```
          6
2.7 ) 1 6.2
       1 6 2
           0
```

④
```
              2 5 5
0.0 8 ) 2 0.4 0
          1 6
          4 4
          4 0
            4 0
            4 0
              0
```

⑤
```
          1.4 6
2.5 ) 3.6 5
       2 5
       1 1 5
       1 0 0
         1 5 0
         1 5 0
             0
```

⑥
```
          0.7 5
6.4 ) 4.8.0
       4 4 8
       3 2 0
       3 2 0
           0
```

7

❷ ①
```
        6.8
2,3)1 5,7
    1 3 8
      1 9 0
      1 8 4
        0.0 6
```
②
```
        7.8
0,9)7,1
    6 3
      8 0
      7 2
      0.0 8
```
③
```
        2.2
4,3)9,8
    8 6
    1 2 0
      8 6
      0.3 4
```
④
```
        1.2
0,7)0,8,5
      7
      1 5
      1 4
      0.0 1
```

❸ ⓘ、ⓔ
❹ 式 3.87÷8.6=0.45　　　　答え 0.45 L
❺ 式 7.9÷2.7=2.92…　　　　答え 約 2.9 kg

てびき ❸ わる数が|より小さいとき、商はわられる数より大きくなります。

37ページ まとめのテスト

❶ ①
```
      4 3.7 5
0,1 6)7,0 0
      6 4
        6 0
        4 8
        1 2 0
        1 1 2
            8 0
            8 0
              0
```
②
```
        4.6 5
5,8)2 6,9,7
    2 3 2
      3 7 7
      3 4 8
        2 9 0
        2 9 0
            0
```
③
```
      5 2.5
1,2)6 3,0
    6 0
      3 0
      2 4
        6 0
        6 0
          0
```
④
```
          2.9
0,3 3)0,9 5,7
      6 6
        2 9 7
        2 9 7
            0
```
⑤
```
        3.2
2,2 5)7,2 0
      6 7 5
        4 5 0
        4 5 0
            0
```
⑥
```
        2.5
0,1 6)0,4 0
      3 2
        8 0
        8 0
          0
```

❷ ①
```
      2.9
2,7)7,9
    5 4
    2 5 0
    2 4 3
      0.0 7
```
②
```
      1.8
1,8)3,3,2
    1 8
    1 5 2
    1 4 4
      0.0 8
```
③
```
        2.6
0,2 8)0,7 4
      5 6
      1 8 0
      1 6 8
        0.0 1 2
```

❸ ⓘ、ⓤ、ⓐ
❹ ① 式 9÷2.4=3.75　　　　答え 3.75 m
　② 式 9÷2.6=3.46……　　答え 約 3.5 m
❺ 式 6.42÷1.2=5.35　　　答え 5.35 kg

てびき
❸ ⓐ…1.3>|だから、商は6.5より小さくなります。ⓘ…0.5<|だから、商は6.5より大きくなります。ⓤ…わる数が|だから、商は6.5です。
❺ 倍を表す数が整数のときと同じように考えます。

たしかめよう!
❶❷ 小数のわり算の筆算は、次のようにします。
1. わる数の小数点を右に移して、整数にする。
2. わられる数の小数点も、わる数の小数点と同じけた数だけ右に移す。
3. わる数が整数のときと同じように計算し、商の小数点は、わられる数の右に移した小数点にそろえてうつ。
4. あまりの小数点は、わられる数のもとの小数点にそろえてうつ。

7 ぴったり重なる図形について調べよう

38・39ページ 基本のワーク
基本❶ 答え ⓘ、ⓔ
❶ ⓤ、ⓞ
基本❷ 答え ① E、F、D　② EF、FD、ED　③ E、F、D　④ 2.3　⑤ 50
❷ ① 頂点H　② 辺EF　③ 角G　④ 1.7cm　⑤ 65°
❸ 合同であるといえない。

40・41ページ 基本のワーク
基本❶ ① 等しく、合同　　　　答え である
　② 合同　　　　答え ではない
❶ ① 合同である。　② 合同である。
　③ 合同である。
基本❷ 《1》
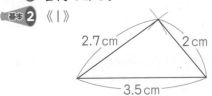
《2》
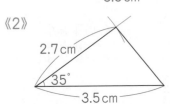

《3》

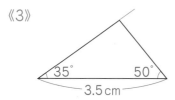

❷ ❶
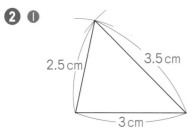

❷
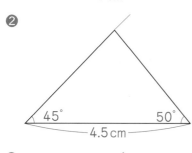

❸
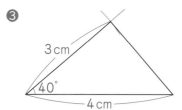

❶ ⓘ、ⓔ
❷ ❶ 3cm ❷ 60° ❸ 6cm
❸
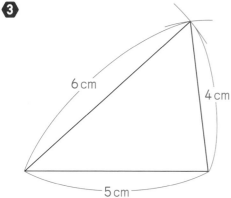

❹
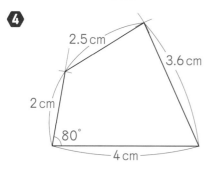

❹ まず、辺AB、BCの長さと、その間の角Bの大きさを使って、三角形ABCをかきます。次に、辺ADとCDの長さを使って、三角形DACをかきます。

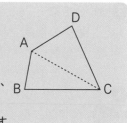

❶ ⓐとⓔ、ⓘとⓞ
❷ ❶ 7cm ❷ 125°
❸
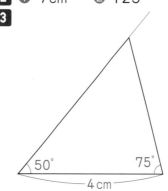

❹ ❶ 長方形、正方形、平行四辺形、ひし形
　❷ 正方形、ひし形
❺

てびき
❷ ❷ 角Fに対応する角は角Aだから、角Fの大きさは55°です。角Eの大きさは、
360°−(55°+90°+90°)=125°
❸ まず、三角形のわかっていない角の大きさを求めます。180°−(55°+75°)=50°
4cmの辺と、その両はしの50°と75°の角を使って、三角形をかきましょう。

8 整数の性質を調べよう

基❶ 白、赤、5、1、8　　　　答え 赤、白
❶ 偶数…20、4、332、0
　奇数…39、185、607
基❷ 倍数、倍数、20、公倍数　　答え 公倍数
❷ ❶ 8、16、24、32、40
　❷ 13、26、39、52、65
基❸ 12、24、36、12
答え 公倍数…12、24、36
最小公倍数…12

③ ❶ 公倍数…14、28、42
　　最小公倍数…14
　❷ 公倍数…9、18、27
　　最小公倍数…9
④ ❶ 42　❷ 30
[基本]④ 公倍数、最小公倍数、45　　　答え 45
⑤ 40分後

てびき
❶ 偶数か奇数かは、一の位の数字を見ればわかります。一の位が偶数なら、その数は偶数、一の位が奇数なら、その数は奇数です。
❸ いくつかの数の公倍数は、それらの数の最小公倍数の倍数になっています。

46・47ページ 基本のワーク

[基本]❶ 約数、約数、2、4　　　答え 1、2、4
❶ ❶ 1、3、9　❷ 1、3、5、15
　❸ 1、2、4、7、14、28
[基本]❷ 1、2、5、10、10
　　　　　答え 公約数…1、2、5、10
　　　　　　　最大公約数…10
❷ ❶ 公約数…1、2、3、6　最大公約数…6
　❷ 公約数…1、7、最大公約数…7
❸ 1、3
[基本]❸ 約数、約数、公約数、最大公約数、8
　　　　　　　　　　　　　　答え 8
❹ 7cm
❺ 9人

てびき
❷ いくつかの数の公約数は、それらの数の最大公約数の約数になっています。

48ページ 練習のワーク

❶ ❶ 奇数　❷ 偶数
❷ ❶ あ 21、42、63
　　い 36、72、108
　❷ あ 30　い 12
❸ 24分後
❹ ❶ あ 1、3、9、27
　　い 1、2、5、10、25、50
　❷ あ 4　い 6
❺ 7人

49ページ まとめのテスト

❶ ❶ 偶数　❷ 偶数　❸ 奇数
❷ ❶ 10　❷ 36　❸ 48
❸ ❶ 1、17　❷ 1、5、25

---

③ 1、2、3、5、6、10、15、30
④ ❶ 公約数…1、2、3、6　最大公約数…6
　❷ 公約数…1、2、4、8　最大公約数…8
⑤ 午後1時30分
⑥ ❶ 14cm　❷ 20まい
⑦ ❶ 7日、14日、21日、28日　❷ 金曜日

てびき
⑥ ❷ 画用紙は、たてに 70÷14＝5（まい）、横に 56÷14＝4（まい）に切り分けられるから、5×4＝20（まい）の正方形ができます。

9 分数のたし算とひき算を考えよう

50・51ページ 基本のワーク

[基本]❶ 等しい　　　答え 等しい。
❶ 等しい。
[基本]❷ 4、1　　　答え 4、1
❷ ❶ 15　❷ 4
[基本]❸ ⑦ 3　④ 3　⑦ 3　⑤ 2
　　　⑦ 2　⑦ 10
　　　　　　　答え $\frac{3}{12}$、$\frac{10}{12}$
❸ ❶ $\frac{12}{42}$、$\frac{7}{42}$　❷ $\frac{8}{12}$、$\frac{1}{12}$
　❸ $1\frac{4}{6}$、$1\frac{3}{6}$
[基本]❹ 24　⑦ 6　④ 6　⑦ 18
　　　⑤ 4　⑦ 4　⑦ 20　⑦ 3
　　　⑦ 3　⑦ 15
　　　　　答え $\frac{18}{24}$、$\frac{20}{24}$、$\frac{15}{24}$
❹ ❶ $\frac{8}{24}$、$\frac{6}{24}$、$\frac{9}{24}$　❷ $\frac{40}{60}$、$\frac{36}{60}$、$\frac{25}{60}$
[基本]❺ 《1》$\frac{2}{5}$　《2》6、$\frac{2}{5}$　答え $\frac{2}{5}$
❺ ❶ $\frac{2}{3}$　❷ $\frac{3}{7}$　❸ $1\frac{2}{3}$

てびき
❸ ❶ それぞれの分母の最小公倍数の42を共通の分母にします。
❸ 帯分数の整数部分はそのままにして、分数部分を通分します。
❹ 3つの分数の分母の最小公倍数を見つけ、3つをいちどに通分しましょう。
❺ ❷ 分母と分子を、それらの最大公約数の6でわります。
❸ 帯分数の整数部分はそのままにして、分数部分を約分します。

基本のワーク

基本1 12、12、12、6、6、6

答え ① $\frac{7}{12}$ ② $\frac{1}{6}$

① ① $\frac{13}{15}$ ② $\frac{11}{12}$ ③ $\frac{1}{14}$ ④ $\frac{1}{18}$

基本2 3、$\frac{8}{18}$、$\frac{4}{9}$ 答え $\frac{4}{9}$

② ① $\frac{2}{3}$ ② $\frac{7}{10}$

基本3 15、15、15、15 答え $\frac{11}{15}$

③ ① $\frac{7}{8}$ ② $\frac{5}{4}\left(1\frac{1}{4}\right)$ ③ $\frac{13}{30}$

基本4 ① 8、17、$3\frac{5}{12}$ 答え $3\frac{5}{12}\left(\frac{41}{12}\right)$

② 9、4、$1\frac{2}{3}$ 答え $1\frac{2}{3}\left(\frac{5}{3}\right)$

④ ① $3\frac{9}{10}\left(\frac{39}{10}\right)$ ② $4\frac{4}{9}\left(\frac{40}{9}\right)$ ③ $3\frac{1}{3}\left(\frac{10}{3}\right)$

④ $1\frac{1}{8}\left(\frac{9}{8}\right)$ ⑤ $1\frac{5}{18}\left(\frac{23}{18}\right)$ ⑥ $1\frac{4}{5}\left(\frac{9}{5}\right)$

てびき

① ② $\frac{1}{6}+\frac{3}{4}=\frac{2}{12}+\frac{9}{12}=\frac{11}{12}$

③ $\frac{1}{2}-\frac{3}{7}=\frac{7}{14}-\frac{6}{14}=\frac{1}{14}$

② ① $\frac{1}{4}+\frac{5}{12}=\frac{3}{12}+\frac{5}{12}=\frac{\overset{2}{\cancel{8}}}{\underset{3}{\cancel{12}}}=\frac{2}{3}$

③ ③ $\frac{2}{5}+\frac{11}{15}-\frac{7}{10}=\frac{12}{30}+\frac{22}{30}-\frac{21}{30}=\frac{13}{30}$

④ ② $1\frac{7}{9}+2\frac{2}{3}=1\frac{7}{9}+2\frac{6}{9}=3\frac{13}{9}=4\frac{4}{9}$

④ $3\frac{7}{8}-2\frac{3}{4}=3\frac{7}{8}-2\frac{6}{8}=1\frac{1}{8}$

⑥ $4\frac{2}{15}-2\frac{1}{3}=4\frac{2}{15}-2\frac{5}{15}$

$=3\frac{17}{15}-2\frac{5}{15}=1\frac{\overset{4}{\cancel{12}}}{\underset{5}{\cancel{15}}}=1\frac{4}{5}$

練習のワーク①

① ① 10、20 ② 14、8

② ① $\frac{14}{18}$、$\frac{9}{18}$ ② $\frac{20}{24}$、$\frac{21}{24}$

③ $\frac{4}{14}$、$\frac{9}{14}$ ④ $\frac{10}{30}$、$\frac{5}{30}$、$\frac{24}{30}$

③ ① $\frac{13}{12}\left(1\frac{1}{12}\right)$ ② $\frac{3}{2}\left(1\frac{1}{2}\right)$

③ $\frac{11}{40}$ ④ $\frac{1}{6}$ ⑤ $3\frac{5}{6}\left(\frac{23}{6}\right)$ ⑥ $3\frac{3}{10}\left(\frac{33}{10}\right)$

⑦ $2\frac{5}{21}\left(\frac{47}{21}\right)$ ⑧ $\frac{23}{36}$ ⑨ $\frac{29}{42}$

⑩ $\frac{13}{24}$

てびき

③ ⑧ $2\frac{5}{12}-1\frac{7}{9}=2\frac{15}{36}-1\frac{28}{36}$

$=1\frac{51}{36}-1\frac{28}{36}=\frac{23}{36}$

⑩ $\frac{11}{12}-\frac{5}{8}+\frac{1}{4}=\frac{22}{24}-\frac{15}{24}+\frac{6}{24}=\frac{13}{24}$

練習のワーク②

① ① (例) $\frac{6}{14}$、$\frac{9}{21}$、$\frac{12}{28}$

② (例) $\frac{3}{4}$、$\frac{18}{24}$、$\frac{27}{36}$

② ① $\frac{4}{7}$ ② $\frac{5}{7}$ ③ $\frac{7}{6}$ ④ $\frac{5}{24}$

③ ① $\frac{11}{18}$ ② $\frac{4}{3}\left(1\frac{1}{3}\right)$ ③ $\frac{9}{35}$

④ $\frac{1}{20}$ ⑤ $3\frac{23}{24}\left(\frac{95}{24}\right)$ ⑥ $4\frac{1}{2}\left(\frac{9}{2}\right)$

⑦ $1\frac{9}{20}\left(\frac{29}{20}\right)$ ⑧ $1\frac{5}{6}\left(\frac{11}{6}\right)$ ⑨ $\frac{53}{30}\left(1\frac{23}{30}\right)$

⑩ $\frac{5}{8}$

てびき

③ ⑥ $1\frac{2}{3}+2\frac{5}{6}=1\frac{4}{6}+2\frac{5}{6}=3\frac{\overset{3}{\cancel{9}}}{\underset{2}{\cancel{6}}}=4\frac{1}{2}$

まとめのテスト①

1 ① 3 ② 8

2 ① $\frac{5}{15}$、$\frac{3}{15}$ ② $\frac{15}{18}$、$\frac{14}{18}$ ③ $\frac{9}{12}$、$\frac{7}{12}$

3 ① $\frac{2}{3}$ ② $\frac{5}{4}\left(1\frac{1}{4}\right)$ ③ $1\frac{2}{5}\left(\frac{7}{5}\right)$

4 ① $\frac{17}{36}$ ② $\frac{26}{21}\left(1\frac{5}{21}\right)$ ③ $\frac{2}{3}$

④ $2\frac{37}{56}\left(\frac{149}{56}\right)$ ⑤ $\frac{13}{24}$ ⑥ $\frac{11}{18}$

⑦ $\frac{1}{3}$ ⑧ $2\frac{1}{4}\left(\frac{9}{4}\right)$ ⑨ $\frac{23}{24}$

⑩ $\frac{11}{15}$

5 式 $\frac{3}{5}+\frac{1}{4}=\frac{17}{20}$ 答え $\frac{17}{20}$ km

てびき

4 ⑨ $\frac{1}{3}+\frac{1}{4}+\frac{3}{8}=\frac{8}{24}+\frac{6}{24}+\frac{9}{24}$

$=\frac{23}{24}$

⑩ $\frac{2}{5}+\frac{1}{2}-\frac{1}{6}=\frac{12}{30}+\frac{15}{30}-\frac{5}{30}=\frac{\overset{11}{\cancel{22}}}{\underset{15}{\cancel{30}}}=\frac{11}{15}$

57ページ まとめのテスト❷

1 ⑤、⑤

2 ❶ > ❷ > ❸ <

3 ❶ $\frac{7}{9}$ ❷ $\frac{4}{5}$ ❸ $1\frac{4}{7}\left(\frac{11}{7}\right)$

4 ❶ $\frac{17}{30}$ ❷ $\frac{4}{5}$ ❸ $\frac{4}{3}\left(1\frac{1}{3}\right)$

❹ $3\frac{5}{18}\left(\frac{59}{18}\right)$ ❺ $\frac{13}{28}$ ❻ $\frac{7}{10}$

❼ $\frac{1}{6}$ ❽ $1\frac{8}{9}\left(\frac{17}{9}\right)$ ❾ $\frac{2}{3}$

❿ $\frac{1}{4}$

5 式 $1\frac{1}{8}-\frac{2}{7}=\frac{47}{56}$ 答え $\frac{47}{56}$ L

てびき

1 それぞれの分数を約分して、$\frac{5}{9}$ になるものを見つけます。

2 通分して大小を比べます。

❶ $\frac{4}{7}=\frac{36}{63}$、$\frac{5}{9}=\frac{35}{63}$ だから、$\frac{4}{7}>\frac{5}{9}$

❷ $\frac{5}{12}=\frac{10}{24}$、$\frac{3}{8}=\frac{9}{24}$ だから、$\frac{5}{12}>\frac{3}{8}$

❸ $\frac{4}{15}=\frac{8}{30}$、$\frac{3}{10}=\frac{9}{30}$ だから、$\frac{4}{15}<\frac{3}{10}$

10 ならした大きさの求め方を考えよう

58・59ページ 基本のワーク

基本1 平均、合計、120、150、5、114

答え 114

1 91g

基本2 4、0、4.4 答え 4.4

2 6.5足

基本3 2.6、3、3 答え 3

3 87点

4 約168kg

基本4 ❶ 6.8、0.68、0.68

❷ 0.68、0.68、323

答え ❶ 0.68 ❷ 323

5 ❶ 0.57m ❷ 約364.8m

てびき

1 $(93+97+85+89)÷4=91$

2 $(3+5+7+0+9+15)÷6=6.5$

3 $81×3-(84+72)=87$

4 1か月あたり平均 $70÷5=14$(kg)の米を使ったから、1年間では、$14×12=168$(kg)使うと考えられる。

60ページ 練習のワーク

1 式 $(98+93+102+92+90+95)÷6=95$

答え 95g

2 ❶ 4.8人 ❷ 11人

3 ❶ 0.62m ❷ 約9.3m

てびき

2 ❶ $(7+0+4+5+8)÷5=4.8$

❷ $6.6×5=33$

$33-(8+3+5+6)=11$

61ページ まとめのテスト

1 87点

2 ❶ 17.2ページ ❷ 19ページ

3 ❶ 90g ❷ 約50個分

4 ❶ 約5.6m ❷ 約8.4m ❸ 0.56m

てびき

1 $(75+98+90+85)÷4=87$

2 ❶ $(15+23+28+0+20)÷5=17.2$

❷ $21×5=105$

$105-(15+23+28+20)=19$

3 ❶ $540÷6=90$

❷ $4.5×1000÷90=50$

4 ❶ $0.7×8=5.6$

❷ $0.7×12=8.4$

❸ $5.6÷10=0.56$

たしかめよう!

1 平均＝合計÷個数

11 混みぐあいなどの比べ方を考えよう

62・63ページ 基本のワーク

基本1 《1》32 《2》1.25

《3》0.8、0.75 答え B

1 ❶ 式 北広場…$9÷45=0.2$

南広場…$15÷60=0.25$ 答え 南広場

❷ 式 北広場…$45÷9=5$

南広場…$60÷15=4$ 答え 南広場

基本2 6、75、4、65 答え 白い

2 Bの自動車

3 西の畑

基本3 人口密度、82、1933、埼玉

答え 秋田県…82、埼玉県…1933

4 ❶ 約1458人 ❷ 埼玉県

12

❷ ガソリン｜L あたりに走る道のりは、
A…600÷50＝12(km)
B…420÷28＝15(km)
❸ ｜m² あたりのとれ高は、
東…81÷15＝5.4(kg)
西…44÷8＝5.5(kg)
❹ 7540000÷5173＝1457.5…

64ページ　練習のワーク

❶ Bの会議室
❷ 小樽市…約451人、釧路市…約125人
❸ ❶ 120円　❷ 118円　❸ 青いノート
❹ 112g
❺ 16L

❷ 小樽市…110000÷244＝450.8…
釧路市…170000÷1363＝124.7…
❺ ガソリン｜L あたりに走る道のりは、
42÷2.8＝15(km)だから、240km 走るに
は、ガソリンは、240÷15＝16(L)必要です。

65ページ　まとめのテスト

❶ ❶ 北小学校…約0.04人、南小学校…約0.05人
❷ 北小学校…約28m²、南小学校…約20m²
❸ 南小学校
❷ 式 13820÷34＝406.4…　答え 約406人
❸ ❶ ゆうじさん…約1.7dL
ようこさん…約1.5dL
❷ ようこさん
❹ ❶ 式 320÷5＝64　答え 64円
❷ 式 64×12＝768　答え 768円
❸ 式 1600÷64＝25　答え 25本

⑫ 分数と小数、整数の関係を調べよう

66・67ページ　基本のワーク

基本❶ 5　答え $\frac{5}{6}$

❶ ❶ $\frac{1}{4}$　❷ $\frac{8}{5}$　❸ $\frac{7}{16}$　❹ $\frac{11}{9}$
❷ ❶ 8　❷ 10　❸ 4　❹ 12
基本❷ 10、7、$\frac{10}{7}(1\frac{3}{7})$、4、7、$\frac{4}{7}$
答え A…$\frac{10}{7}(1\frac{3}{7})$、C…$\frac{4}{7}$
❸ ❶ 式 9÷8＝$\frac{9}{8}$　答え $\frac{9}{8}$倍($1\frac{1}{8}$倍)

❷ 式 8÷9＝$\frac{8}{9}$　答え $\frac{8}{9}$倍
❹ ❶ 式 30÷18＝$\frac{5}{3}$　答え $\frac{5}{3}$倍($1\frac{2}{3}$倍)
❷ 式 18÷30＝$\frac{3}{5}$　答え $\frac{3}{5}$倍

68・69ページ　基本のワーク

基本❶ ❶ 1、5、0.2　❷ 2.67
答え ❶ 0.2　❷ 2.67
❶ ❶ 0.3　❷ 2.25　❸ 1.64
❷ ❶ ＜　❷ ＝　❸ ＞
基本❷ ❶ 7、7　❷ 13、13
答え ❶ $\frac{7}{10}$　❷ $\frac{13}{100}$
❸ ❶ $\frac{3}{10}$　❷ $\frac{27}{10}(2\frac{7}{10})$　❸ $\frac{61}{100}$
❹ $\frac{9}{100}$　❺ $\frac{2}{1}$　❻ $\frac{6}{1}$
基本❸ ❶ 《｜》 0.6　《2》 5、$\frac{3}{5}$
❷ $\frac{4}{5}$、$\frac{12}{15}$、$\frac{2}{15}$
答え ❶ 0.6、$\frac{3}{5}$　❷ $\frac{2}{15}$
❹ ❶ $\frac{1}{2}(0.5)$　❷ $\frac{7}{8}(0.875)$　❸ $\frac{27}{35}$
❹ $\frac{1}{3}$　❺ $\frac{9}{20}(0.45)$　❻ $\frac{13}{30}$

❷ ❶ $\frac{3}{5}＝3÷5＝0.6$
❷ $\frac{11}{4}＝11÷4＝2.75$
❸ $\frac{4}{7}＝4÷7＝0.57…$
❹ ❶ $\frac{1}{5}+0.3＝\frac{1}{5}+\frac{3}{10}$
$＝\frac{2}{10}+\frac{3}{10}＝\frac{5}{10}＝\frac{1}{2}$
❷ $0.5+\frac{3}{8}＝\frac{1}{2}+\frac{3}{8}＝\frac{4}{8}+\frac{3}{8}＝\frac{7}{8}$
❸ $0.2+\frac{4}{7}＝\frac{1}{5}+\frac{4}{7}＝\frac{7}{35}+\frac{20}{35}＝\frac{27}{35}$
❹ $\frac{5}{6}-0.5＝\frac{5}{6}-\frac{1}{2}＝\frac{5}{6}-\frac{3}{6}＝\frac{2}{6}＝\frac{1}{3}$
❺ $1.7-\frac{5}{4}＝\frac{17}{10}-\frac{5}{4}＝\frac{34}{20}-\frac{25}{20}＝\frac{9}{20}$
❻ $\frac{7}{3}-1.9＝\frac{7}{3}-\frac{19}{10}＝\frac{70}{30}-\frac{57}{30}＝\frac{13}{30}$

70ページ　練習のワーク

❶ ❶ 2　❷ 3　❸ 6　❹ 7
❺ 分子…7、分母…11　❻ 9、13
❷ ❶ 0.22　❷ 0.73　❸ 2.4
❹ 1.7　❺ 1.25　❻ 1.56

③ ❶ $\dfrac{9}{10}$ ❷ $\dfrac{31}{100}$ ❸ $\dfrac{3}{4}$

❹ $\dfrac{31}{25}\left(1\dfrac{6}{25}\right)$ ❺ $\dfrac{1}{1}$ ❻ $\dfrac{10}{1}$

④ ❶ $\dfrac{6}{5}\left(1\dfrac{1}{5}、1.2\right)$ ❷ $\dfrac{49}{12}\left(4\dfrac{1}{12}\right)$

❸ $\dfrac{7}{3}\left(2\dfrac{1}{3}\right)$ ❹ $\dfrac{4}{45}$

⑤ 式 $400÷120=\dfrac{10}{3}$ 答え $\dfrac{10}{3}$ 倍$\left(3\dfrac{1}{3}$倍$\right)$

てびき

❷❻ $1\dfrac{5}{9}=1+\dfrac{5}{9}=1+5÷9$

$=1.555\cdots→1.56$

❸❹ $1.24=\dfrac{124}{100}=\dfrac{31}{25}$

❹❷ $\dfrac{17}{6}+1.25=\dfrac{17}{6}+\dfrac{5}{4}$

$=\dfrac{34}{12}+\dfrac{15}{12}=\dfrac{49}{12}$

❸ $3.8-\dfrac{22}{15}=\dfrac{19}{5}-\dfrac{22}{15}$

$=\dfrac{57}{15}-\dfrac{22}{15}=\dfrac{35}{15}=\dfrac{7}{3}$

71ページ まとめのテスト

1 ❶ 5、8 ❷ 分子…6、分母…19

2 ❶ 2.1 ❷ 2.4 ❸ 8 ❹ 9

❺ $\dfrac{3}{5}$ ❻ $\dfrac{1}{4}$ ❼ $\dfrac{6}{5}\left(1\dfrac{1}{5}\right)$ ❽ $\dfrac{59}{25}\left(2\dfrac{9}{25}\right)$

3 ⑤、⑥、⑦

4 ❶ $\dfrac{31}{20}\left(1\dfrac{11}{20}、1.55\right)$ ❷ $\dfrac{167}{90}\left(1\dfrac{77}{90}\right)$

❸ $\dfrac{14}{5}\left(2\dfrac{4}{5}、2.8\right)$

5 ❶ 小数…0.67、分数…$\dfrac{67}{100}$

❷ 小数…1.3、分数…$\dfrac{13}{10}\left(1\dfrac{3}{10}\right)$

6 ❶ $\dfrac{7}{10}$ 倍 ❷ $\dfrac{20}{9}$ 倍$\left(2\dfrac{2}{9}$倍$\right)$ ❸ $\dfrac{9}{14}$ 倍

てびき

4 ❶ $0.8+\dfrac{3}{4}=\dfrac{4}{5}+\dfrac{3}{4}=\dfrac{16}{20}+\dfrac{15}{20}$

$=\dfrac{31}{20}$

❸ $\dfrac{8}{5}+1.2=\dfrac{8}{5}+\dfrac{6}{5}=\dfrac{14}{5}$

5 ❶の1めもりは $0.01=\dfrac{1}{100}$、❷の1めもり

は $0.1=\dfrac{1}{10}$ を表します。

6 ❷ ⑥の長さは、⑤の長さの

（もとにする量）

$20÷9=\dfrac{20}{9}$(倍)

---

13 比べ方を考えよう

72・73ページ 基本のワーク

基本1 5、0.6、6、8、0.75

答え Aチーム…0.6、Bチーム…0.75

1 まさとさん…0.65、りえさん…0.6

基本2 75、0.2、0.2、100、20 答え 20

2 ❶ 28% ❷ 90% ❸ 4%

❹ 0.55 ❺ 0.6 ❻ 0.07

3 85%

基本3 75、195、156、100、125

答え 1両目…75、2両目…125

4 ❶ 160% ❷ 200% ❸ 304%

❹ 1.05 ❺ 1.8 ❻ 2.17

5 245%

てびき

1 まさとさん…$13÷20=0.65$

りえさん…$9÷15=0.6$

3 $340÷400×100=85$

5 $147÷60×100=245$

74・75ページ 基本のワーク

基本1 0.3、480、0.3、144 答え 144

1 式 $150×0.82=123$ 答え 123問

基本2 120、0.6、200 答え 200

2 式 $□×0.7=980$

$□=980÷0.7$

$=1400$ 答え 1400m

基本3 《1》135、135、765

《2》0.15、0.15、0.85、765 答え 765

3 1260円

4 3000円

5 350mL

基本4 10、0.6、6 答え 6割

6 2520円

てびき

2 もとにする量を□として、かけ算の

式をつくります。

3 $1200×(1+0.05)=1200×1.05=1260$

4 $□×(1-0.3)=2100$

$□=2100÷(1-0.3)$

$=2100÷0.7=3000$

5 $□×(1+0.2)=420$

$□=420÷(1+0.2)$

$=420÷1.2=350$

6 $3600×(1-0.3)=3600×0.7=2520$

練習のワーク

❶ ① 49％　② 101％　③ 0.84
　④ 0.3

❷ 60％

❸ 36g

❹ 35人

❺ 2550円

❻ 350g

❼ 4割

てびき
❶ ①、② 小数で表された割合を100倍します。
❷ 72÷120×100=60
❸ 450×0.08=36
❹ □×1.2=42　□=42÷1.2=35
❺ 3000×(1-0.15)=3000×0.85=2550
❻ □×(1+0.08)=378
　□=378÷(1+0.08)=378÷1.08=350
❼ 6÷15=0.4

まとめのテスト

❶ ① 1％　② 0.155　③ 70％
　④ 0.203　⑤ 120％

❷ ① 28　② 140　③ 15　④ 20
　⑤ 18　⑥ 140

❸ ① 90％　② 85％　③ ひろしさん

❹ 約4kg

❺ ① 5600円　② 3920円
　③ 15％

てびき
❷ ③ 12×1.25=15
　④ □×0.65=13　13÷0.65=20
❹ 50×0.08=4
❺ ① 4200÷(1-0.25)=5600
　② 5600×(1-0.3)=3920
　③ 4760÷5600=0.85
　(1-0.85)×100=15

⑭ 割合をグラフに表そう

基本のワーク

基❶ ① 32、3　② 32、23
　　　　　答え① 3　② 23

❶ ① 8％　② 約3倍

基❷ ① 49、2　② 39、0.39、51792

答え① 2　② 51792

❷ ① 9％　② 9296t

基❸ ① 44、18　② 長、増え
　　　　　答え① 18　② 増えている。

❸ ① 道路　② 28km²

てびき
❶ ① 山形県の両はしのめもりから、
73-65=8(％)
　② 福島県の割合は23％、山形県の割合は8％だから、23÷8=2.8…より、約3倍。
❷ ① 北海道の両はしのめもりから、
58-49=9(％)
　② 宮崎県の割合は7％だから、とれ高は、132800×0.07=9296(t)
❸ ② 2010年の森林の面積は、市全体の52％、2020年の森林の面積は、市全体の42％です。
　面積の割合が52-42=10(％)減ったから、減った面積は、280×0.1=28(km²)

基本のワーク

基❶ 300000、52000、300000、27000、300000、0.09、9

答え

1か月の予算の割合

（合計 300000円）

1か月の予算の割合

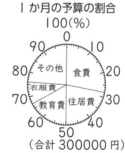

（合計 300000円）

❶ 学年別の図書室の利用者数の割合

（合計 900人）

② ごみの重さの割合

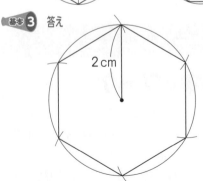

100(%)
不燃ごみ
そ大ごみ
資げんごみ
可燃ごみ
その他
0
90
80
70
60
50
40
30
20
10

（合計 570kg）

基本2 イ、ウ、ア　　答え あ…イ、い…ウ、う…ア

3 あ…ウ、い…ア、う…イ

てびき

❶ 利用者数の割合は、右の表のようになります。

割合の大きい順に、左から区切ります。

表題と合計を書きわすれないようにしましょう。

学　年	百分率(%)
１年生	10
２年生	12
３年生	15
４年生	20
５年生	22
６年生	21
合　計	100

❷ ごみの重さの割合は、下の表のようになります。

割合の大きい順に右まわりに区切り、ごみの種類をかきます。

	可燃ごみ	資げんごみ	そ大ごみ	不燃ごみ	その他	合計
百分率(%)	77	9	6	2	6	100

---

82 ページ　練習のワーク

❶ ❶ 食器…28％、アクセサリー…21％、文ぼう具…16％、洋服…15％

❷ 約 $\frac{1}{5}$

❷ ❶ 11倍　　❷ 14g

❸ ❶ あ…31、い…14

❷ 果物の個数の割合

| なし | もも | りんご | ぶどう | その他 |

0　　　　　　50　　　　　　100(%)
（合計 600 個）

❹ ❶ ぼうグラフ　　❷ 折れ線グラフ

❸ 円グラフ、割合

てびき

❷ ❷ たんぱく質は白米全体の 7％ だから、白米 200g にふくまれるたんぱく質は、
200×0.07＝14(g)

❸ ❶ あ　186÷600×100＝31
　　い　83÷600×100＝13.8…

---

83 ページ　まとめのテスト

1 ❶ 9％　　❷ 105995t

2 ❶ 30％　　❷ 増えた。　　❸ 5824人

3 乗用車…51（％）、オートバイ…19（％）

とまった車の台数の割合

100(%)
トラック
オートバイ
バス
乗用車
0
90
80
70
60
50
40
30
20
10

（合計 300 台）

てびき

1 ❷ 北海道の割合は 43％ だから、とれ高は、246500×0.43＝105995(t)

2 ❷ グラフの 60～79 さいの部分を見ると、1982 年より 2002 年のほうが長く、2002 年より 2022 年のほうが長くなっています。60～79 さいの割合は増えたことがわかります。
❸ 2022 年の 0～19 さいの人口の割合は 16％ だから、36400×0.16＝5824(人)

3 乗用車…153÷300×100＝51（％）
オートバイ…57÷300×100＝19（％）

---

15 多角形と円について調べよう

84・85 ページ　基本のワーク

基本1 辺、正三角形、正方形（正四角形）

答え い、う、お、き

❶ い

基本2 72

答え

❷ ❶
60°

❷
40°

基本3 答え

2cm

❸

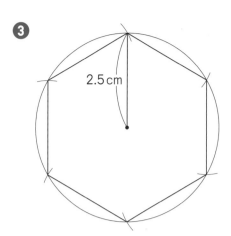

2.5 cm

📣❶ 3.14　　　　　　　　　　　　答え 3.14
❶ ❶ 3.14　　❷ 円周率　　❸ 円周、直径
📣❷ ❶ 3.14、25.12　　❷ 3.14、3.14、4
　　　　　　　　　　答え ❶ 25.12　　❷ 4
❷ ❶ 28.26 cm　　❷ 15.7 cm
❸ ❶ 10 cm　　❷ 7 cm
📣❸ ❶ 3.14　　❷ 3.14、2、3、4
　　　　　答え ❶ △＝○×3.14
　　　　　　　❷ 2倍、3倍、4倍、……になる。
　　　　　　　❸ いえる
❹ 5倍
📣❹ 3.14、9.42、3.14、9.42
　　　　　　　　　　　　　　答え 等しい。
❺ ❶ 等しい。　　❷ 等しい。

❷ ❷ 直径は 5 cm だから、円周の長
さは、5×3.14＝15.7(cm)
❸ ❷ 直径を□cm とすると、□×3.14＝21.98
□＝21.98÷3.14＝7
❹ 円周の長さは、直径の長さに比例しているか
ら、直径が 35÷7＝5(倍)のとき、円周の長
さも 5倍になります。
❺ ❶ ⓐ 4×3×3.14÷2＝18.84
　　ⓘ 4×3.14÷2×3＝18.84
　　❷ ⓐ 3×4×3.14÷2＝18.84
　　ⓘ 3×3.14÷2×4＝18.84

❶

45°

❷ ❶ 37.68 cm　　❷ 18.84 cm
❸ ❶ 17 cm　　❷ 21 cm
❹ ❶ 77.1 cm　　❷ 14.28 cm

❺ 5倍
❻ 125.6 cm

❷ ❷ 3×2×3.14＝18.84
　　　　直径
❸ ❶ 53.38÷3.14＝17
❹ ❶ 30×3.14÷2＋30＝77.1
　　❷ 4×2×3.14÷4＋4×2＝14.28
　　　　直径
❺ 円周の長さは、直径の長さに比例しているか
ら、直径が 15÷3＝5(倍)のとき、円周の長
さも 5倍になります。
❻ 40×3.14＝125.6

❶ ❶ 正十角形　　❷ 正四角形(正方形)
❷ ❶ 43.96 cm　　❷ 34.54 cm
❸ ❶ 19 cm　　❷ 60 cm
❹ ❶ 128.5 cm　　❷ 28.56 cm
❺ 3倍
❻ 15 m

❶ ❶ 360÷36＝10 だから、正十
角形です。
❷ 360÷90＝4 だから、正四角形(正方形)
です。
❷ ❷ 5.5×2×3.14＝34.54
　　　　直径
❸ ❶ 59.66÷3.14＝19
❹ ❶ 50×3.14÷2＋50＝128.5
　　❷ 8×2×3.14÷4＋8×2＝28.56
　　　　直径
❻ 47.1÷3.14＝15

❶
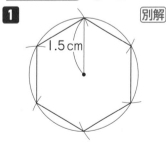
1.5 cm
別解

1.5 cm
60°

❷ ❶ 9.42 cm　　❷ 40.82 cm
　　❸ 16 cm　　❹ 20 cm
❸ ❶ 46.26 cm　　❷ 21.42 cm
❹ 9倍
❺ 115 m
❻ 30 cm

17

2 ② 6.5×2×3.14=40.82
　　　<u>直径</u>
　④ <u>125.6÷3.14÷2</u>=20
　　　<u>直径</u>

3 ① 18×3.14÷2+18=46.26
　② 6×2×3.14÷4+6×2=21.42
　　　<u>直径</u>

5 競技場の直径を□mとすると、
　□×3.14=361.1
　　　　□=361.1÷3.14=115

6 車輪の円周の長さは、
　282.6÷150=1.884(m)→188.4cm
　車輪の直径は、188.4÷3.14=60(cm)だか
　ら、半径は、60÷2=30(cm)

● プログラミングにちょうせん！

 91 ページ **学びのワーク**

基1 60、60、120、120、3
　　　　　　　　　　答え ⑦ 3　　⑦ 120

❶ ⑦ 4　　⑦ 90
❷ ① 135°　　② 45°　　③ ⑦ 8　　⑦ 45
❸ ⑦ 9　　⑦ 40

てびき
❶ ⑦　辺の数だけ繰
り返します。
　⑦　正方形の 1 つの角の大き
さは 90°だから、回転する角
度は、180°−90°=90°です。

❷ ① 八角形は、右のように
6 つの三角形に分けられる
から、角の大きさの和は、
180°×6=1080°
　　正多角形の角の大きさは
全て等しいから、1 つの角の大きさは、
1080°÷8=135°
② 180°−135°=45°

❸ 九角形は、右のように 7
つの三角形に分けられるか
ら、角の大きさの和は、
180°×7=1260°
　　正多角形の角の大きさは
全て等しいから、1 つの角の大きさは、
1260°÷9=140°
　　回転する角度は、
180°−140°=40°

---

16 面積の求め方を考えよう

92・93 ページ **基本のワーク**

基1 《1》5、15　　《2》3、15　　答え 15
❶ ① 36 cm²　　② 30 cm²
❷ 〈例〉

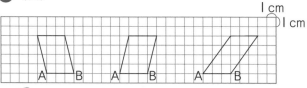

基2 7、21　　　　　　　　　　答え 21
❸ ① 50 cm²　　② 88 cm²
基3 6、30、なる、いえる　　　答え いえる
❹ ① △=○×4　　② 比例しているといえる。

てびき
❶ ② 5×6=30
❷ 底辺が 3 cm、面積が 12 cm² の平行四辺形
の高さを□cm とすると、
3×□=12　　□=12÷3=4
　　高さが 4 cm になるような平行四辺形をかき
ます。
❸ ① 5×10=50
❹ ② 底辺○cm を 1 cm ずつ増やしたときの
面積△cm²は、下の表のようになります。

底辺 ○(cm)	1	2	3	4	5
面積 △(cm²)	4	8	12	16	20

94・95 ページ **基本のワーク**

基1 《1》2、14　　《2》4、2、14　　答え 14
❶ ① 35 cm²　　② 24 cm²　　③ 60 cm²
基2 3、2、9　　　　　　　　　　答え 9
❷ ① 14 cm²　　② 180 cm²
❸ 〈例〉

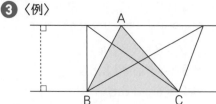

❹ ① 式 15×6÷2=45　　　　答え 45 cm²
② 式 10×9÷2=45　　　　答え 45 cm²

てびき
❶ ① 10×7÷2=35
② 6×8÷2=24
③ 15×8÷2=60
❷ ① 4×7÷2=14
② 20×18÷2=180
❸ 2 本の直線は平行だから、はばはどこも等し

くなっています。
　　辺BCを底辺としたとき、もう１つの頂点を上の直線上のどこにとっても、できる三角形の高さは、三角形ABCの高さと等しくなります。

96・97 ページ 基本のワーク

基本① 《1》2、18　《2》6、2、18　　答え18
① ❶ 15cm²　❷ 100cm²　❸ 40cm²
基本② 《1》8、2、16　《2》8、2、16
　　　　　　　　　　　　　　　　答え16
② ❶ 35cm²　❷ 24cm²
③ ❶ 37cm²　❷ 36cm²

てびき　❶❶ (4+6)×3÷2=15
❷ 高さが下底の上にないときも、台形の面積は、(上底＋下底)×高さ÷2 で求められます。
(8+12)×10÷2=100(cm²)
❸ (7+9)×5÷2=40
❷❶ 7×10÷2=35
❷ (4×2)×(3×2)÷2=24
❸❶ 上の三角形と下の台形を合わせた図形とみると、
8×4÷2+(8+6)×3÷2=37(cm²)
❷ 大きい三角形から小さい三角形をひいた形とみると、
12×(6+3)÷2−12×3÷2=36(cm²)

98 ページ 練習のワーク

① ❶ 20cm²　❷ 12cm²
② ❶ 60cm²　❷ 6cm
③ ❶ 1.08cm²　❷ 2.16cm²
　　❸ 3.24cm²　❹ 3.24cm²
④ 40cm²
⑤ 126cm²

てびき　❶❶ 5×4=20
❷ 平行四辺形ABCDの面積から、白い平行四辺形の面積をひきます。
20−2×4=12(cm²)
❷❶ 12×10÷2=60
❷ 辺ABを底辺とすると、直線CDの長さは三角形ABCの高さになります。直線CDの長さを□cmとすると、20×□÷2=60
❸❶ 1.2×1.8÷2=1.08
❷ 2.4×1.8÷2=2.16
❸ 1.08+2.16=3.24

④ (2.4+1.2)×1.8÷2=3.24
④ 10×(4×2)÷2=40
⑤ ２つの三角形を合わせた形とみると、
18×8÷2+18×6÷2=126(cm²)

99 ページ まとめのテスト

1 ❶ あ 20cm²　　い 15cm²　❷ 等しい。
　❸ 等しい。　　❹ 等しくない。
2 ❶ 270cm²　❷ 2.45cm²　❸ 2.24cm²
　❹ 80cm²
3 ❶ 48cm²　❷ 165cm²　❸ 49cm²

てびき　**1** 平行な２本の直線のはばは、どこも等しいから、どの図形の高さも５cmです。
　底辺と高さが等しい平行四辺形、三角形の面積は、それぞれ等しくなります。
2 ❶ 18×15=270
❷ 1.4×3.5÷2=2.45
❸ 台形の上底は、
2−(0.8+0.4)=0.8(cm)だから、
(0.8+2)×1.6÷2=2.24(cm²)
❹ 対角線は、それぞれ5×2=10(cm)、
8×2=16(cm)だから、
10×16÷2=80(cm²)
3 ❶ 16×(6+4)÷2−16×4÷2=48
❷ 15×22−22×15÷2=165
別解 色のついた部分の面積は、長方形の面積の半分だから、
15×22÷2=165(cm²)
❸ 〈例〉右の図のように、点線で切ってならべかえると、色のついた部分はひし形になります。
　7×14÷2
=49(cm²)

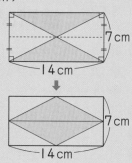

---

17 速さの比べ方を考えよう

100・101 ページ 基本のワーク

基本① 《1》60、10、6
　《2》0.18、10、60　　　　　　答え こうき
① さおりさん
基本② 180、3、60、60　　　　　　答え B

19

② ❶ 秒速 50m　❷ 分速 750m
❸ 時速 37km

基本3 50、4、200　答え 200

③ 540m

基本4 150、50、3　答え 3

④ 50 秒

基本5 《1》60、0.15、0.15
《2》60、12、12　答え 自転車

⑤ トラック

てびき
① 1分あたりに進んだ道のりで比べると、さおりさん…800÷4=200(m)
かおるさん…900÷5=180(m)
1m あたりにかかった時間で比べると、
さおりさん…4÷800=0.005(分)
かおるさん…5÷900=0.0055…(分)
② ❶ 600÷12=50
❷ 4500÷6=750
❸ 185÷5=37
③ 60×9=540
④ □秒で 400m 進むとすると、
8×□=400
□=400÷8=50
⑤ 時速 48km を分速になおすと、
48÷60=0.8 より、分速 0.8km
分速 0.9km を時速になおすと、
0.9×60=54 より、時速 54km
分速 0.8km と分速 0.9km を比べるか、時速 48km と時速 54km を比べます。

102ページ 練習のワーク

① ❶ 式 180÷4=45　答え 時速 45km
❷ 式 144÷3=48　答え 時速 48km
❸ オートバイ

② 式 1200÷24=50　答え 秒速 50m

③ 式 730×5=3650　答え 3650km

④ 式 3100÷62=50　答え 50 分

⑤ ❶ 時速 24km　❷ タクシー

てびき
⑤ ❶ 400m=0.4km
0.4×60=24

103ページ まとめのテスト

1 モーターボート

2 式 340÷4=85　答え 時速 85km

3 式 1.4×25=35　答え 35km

4 式 900÷18=50　答え 50 秒

5 自転車A

6 5分

7 分速 200m

てびき
1 時速を求めて比べます。
モーターボート…80÷2=40 →時速 40km
イルカ…168÷5=33.6 →時速 33.6km
5 時速か分速のどちらかにそろえて比べます。
分速 210m を時速になおすと、
210×60÷1000=12.6 より、時速 12.6km
6 秒速 280m を分速になおすと、
280×60÷1000=16.8 より、分速 16.8km
かかる時間は、84÷16.8=5(分)
7 なつみさんが走った道のりは、
1000×2=2000(m)
これを 10 分で走ったから、速さは、
2000÷10=200 より、分速 200m

18 立体の特ちょうを調べよう

104・105ページ 基本のワーク

基本1 角柱、円柱
答え 角柱…㋑、㋒、㋔、円柱…㋐、㋓

① ㋐ 円柱　㋑ 側面　㋒ 底面　㋓ 高さ

基本2 3、3、9、3、5
答え 頂点の数…6、辺の数…9、面の数…5

② 頂点の数…12　辺の数…18　面の数…8

③ 頂点の数…㋑　辺の数…㋐　面の数…㋒

基本3
❶
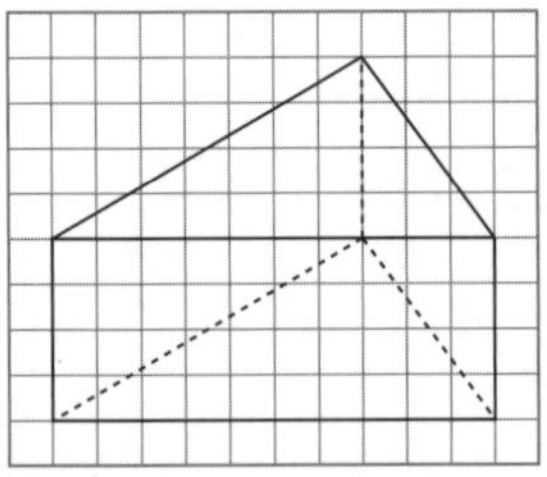
❷
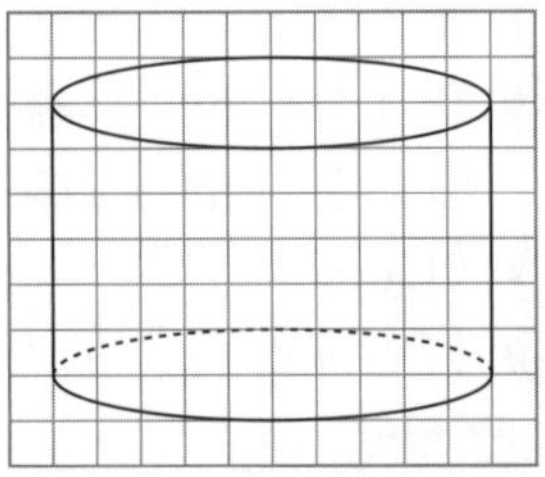

④ ❶
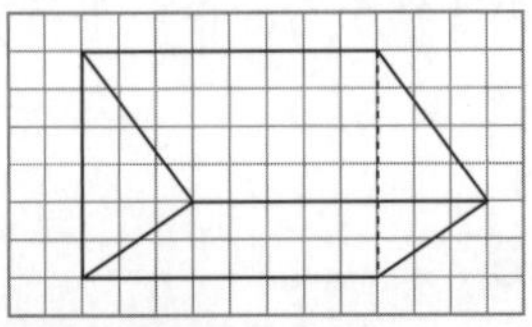
❷
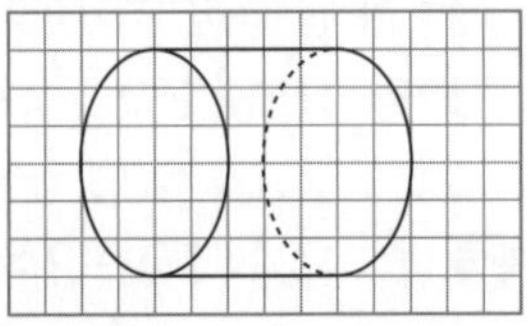

106・107ページ 基本のワーク

基本1 ❶ BE　❷ AG　❸ I
答え ❶ BE　❷ AG　❸ H、I

❶

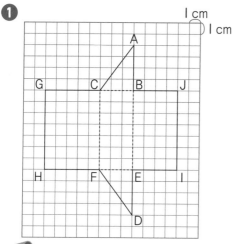

1cm
1cm

A
G C B J
H F E I
D

📢**基2** 長方形、13、5、15.7

答え 辺AB…13、辺AD…15.7

❷ ① 6.28cm **②**

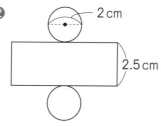

2cm
2.5cm

❸ ① 12.56cm **②** 37.12cm

📢**てびき** **❷①** 側面の長方形の横の長さは、底面の円周の長さと等しいから、
2×3.14＝6.28(cm)
❸②①より、長方形の横の長さは12.56cm
だから、まわりの長さは、
6×2＋12.56×2＝37.12(cm)

108
ページ **練習のワーク**

❶ ① 三角柱 **②** 面ABC、面DEF
③ 面ADEB、面BEFC、面ADFC
④ 8cm
❷ ① 面A、面B **②** 面C
❸

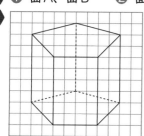

❹ 89.36cm

📢**てびき** **❹** 12×3.14×2＋7×2＝89.36

109
ページ **まとめのテスト**

❶ ① あ 四角柱(直方体)

い 面ABCD、面EFGH
う 4cm え 7cm
② あ 円柱 い 3つ う 31.4cm
え 11cm
❷ ① あ 三角柱 い 頂点G、頂点H
う 4cm
② あ 円柱 い 側面 う 25.12cm

📢**てびき** **❷①う** 四角形BEFC と四角形GIEB
は、たての長さ(三角柱の高さ)も横の長さ(辺
GBと直線BC)も等しいから、四角形GIEBも
1辺が4cmの正方形です。
展開図を組み立てたとき、辺EDと重なるの
は、辺EIだから、辺EDも4cmです。

● 5年の復習

110
ページ **まとめのテスト❶**

1 最小公倍数…48 最大公約数…8

2 ① ($\frac{16}{36}$ $\frac{15}{36}$) **②** ($\frac{18}{24}$ $\frac{20}{24}$ $\frac{21}{24}$)

3 ①
```
   2 6
 × 3.4
 1 0 4
 7 8
 8 8.4
```
②
```
   1.7
 × 2.8
 1 3 6
 3 4
 4.7 6
```
③
```
   3 1.5
 × 0.0 2
 0.6 3 0
```

④
```
      4.3 5
 8,2)3 5 6.7
     3 2 8
       2 8 7
       2 4 6
         4 1 0
         4 1 0
             0
```
⑤
```
        3 2
 4,3 5)1 3 9.2 0
       1 3 0 5
           8 7 0
           8 7 0
               0
```

⑥
```
        0.1 2 5
 2,1 6)0.2 7 0
       2 1 6
         5 4 0
         4 3 2
         1 0 8 0
         1 0 8 0
               0
```

⑦ $\frac{19}{28}$ **⑧** $\frac{1}{2}$ **⑨** $4\frac{5}{24}$($\frac{101}{24}$) **⑩** $\frac{29}{12}$($2\frac{5}{12}$)
⑪ $\frac{2}{3}$ **⑫** $\frac{7}{36}$

4 あ 45° い 110°
5 ① 104cm² **②** 3.6cm² **③** 55cm²
6 356cm³

📢**てびき** **1** 24の倍数 24 48
16の倍数かどうか × ○
↑
最小公倍数

	16 の約数	1	2	4	8	16
24 の約数かどうか		○	○	○	○	×

↑
最大公約数

2 分母の最小公倍数を共通の分母にします。

3 ⑦ $\frac{1}{4}+\frac{3}{7}=\frac{7}{28}+\frac{12}{28}=\frac{19}{28}$

⑧ $1\frac{1}{3}-\frac{5}{6}=1\frac{2}{6}-\frac{5}{6}=\frac{8}{6}-\frac{5}{6}=\frac{3}{6}=\frac{1}{2}$

⑨ $1\frac{5}{8}+2\frac{7}{12}=1\frac{15}{24}+2\frac{14}{24}=3\frac{29}{24}=4\frac{5}{24}$

⑩ $\frac{2}{3}+\frac{1}{4}+\frac{3}{2}=\frac{8}{12}+\frac{3}{12}+\frac{18}{12}=\frac{29}{12}$

⑪ $1\frac{5}{6}-\frac{1}{2}-\frac{2}{3}=1\frac{5}{6}-\frac{3}{6}-\frac{4}{6}$

$=\frac{11}{6}-\frac{3}{6}-\frac{4}{6}=\frac{4}{6}=\frac{2}{3}$

⑫ $\frac{7}{9}+\frac{1}{6}-\frac{3}{4}=\frac{28}{36}+\frac{6}{36}-\frac{27}{36}=\frac{7}{36}$

4 ⑧ $180°-(95°+40°)=45°$

⑥ $360°-(60°+75°+115°)=110°$

5 ① $8\times13=104$

② $2.4\times3\div2=3.6$

③ $(4+7)\times10\div2=55$

6 $6\times10\times7-4\times4\times4=356$

111ページ まとめのテスト❷

1 約740人

2 40%

3 350人

4 時速245km

5 6800m

6 3.76g

7 ① 職業別人口の割合

（合計 19万5千人）

② 3万9千人

てびき

1 $54000\div73=739.7\cdots$ → 740

2 $30\div75\times100=40$

3 去年の児童数を□人とすると、

$\square\times(1+0.04)=364$

$\square=364\div1.04=350$

4 $490\div2=245$
道のり　時間

---

5 $\underset{\text{速さ}}{850}\times\underset{\text{時間}}{8}=6800$

6 $(2.9+3.8+3.2+6.7+2.2)\div5=3.76$

7 ② $195000\times0.2=39000$

112ページ まとめのテスト❸

1 ① 58.3　② 9.01

2 ①
$$\begin{array}{r}4.3\\\times2.6\\\hline258\\86\\\hline11.18\end{array}$$
②
$$\begin{array}{r}5.92\\\times1.8\\\hline4736\\592\\\hline10.656\end{array}$$

③
$$\begin{array}{r}0.37\\\times0.04\\\hline0.0148\end{array}$$
④
$$9.5\overline{)5.7.0}\ \ 0.6$$
570 / 0

⑤
$$4.7\overline{)17.3.9}\ \ 3.7$$
141 / 329 / 329 / 0

⑥
$$5.2\overline{)33.8}\ \ 6.5$$
312 / 260 / 260 / 0

⑦ $\frac{23}{18}\left(1\frac{5}{18}\right)$　⑧ $\frac{3}{5}$　⑨ $3\frac{13}{28}\left(\frac{97}{28}\right)$

3 ① 12.56cm　② 56.52cm

4 ① 360cm³　② 125cm³

5 90g

6 4時間

7 42.5点

てびき

2 ⑦ $\frac{4}{9}+\frac{5}{6}=\frac{8}{18}+\frac{15}{18}=\frac{23}{18}$

⑧ $\frac{14}{15}-\frac{1}{3}=\frac{14}{15}-\frac{5}{15}=\frac{9}{15}=\frac{3}{5}$

⑨ $4\frac{5}{7}-1\frac{1}{4}=4\frac{20}{28}-1\frac{7}{28}=3\frac{13}{28}$

3 ① $4\times3.14=12.56$

② $\underset{\text{直径}}{9\times2}\times3.14=56.52$

4 ① $6\times15\times4=360$

② $5\times5\times5=125$

5 $600\times0.15=90$

6 $\underset{\text{道のり}}{180}\div\underset{\text{速さ}}{45}=4$

7 $(46+37+43+44)\div4=42.5$

22

夏休みのテスト①

1 ❶ 3、5、0、8
❷ 4216、42160、0.4216、
　0.04216

2 ❶ 80.6　　❷ 5.6　　❸ 0.126
❹ 12　　❺ 0.42　　❻ 0.275

3 ❶ 7 あまり 0.3　❷ 13 あまり 2.1

4 武 3.5÷1.4＝2.5
　　3.5×2.5＝8.75　　　　答え 8.75

5 ❶ 90 cm³　❷ 64 m³　❸ 2320 cm³

6
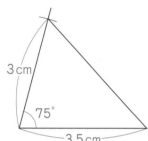

3 cm
75°
3.5 cm

てびき
　4 ある数を□とすると、3.5÷□＝1.4
□＝3.5÷1.4＝2.5　3.5×2.5＝8.75
5 ❸ （例）10×16×(7＋5)＋5×16×5
　　　＝2320(cm³)

夏休みのテスト②

1 ❶ 4、32　　❷ 4.3、5.7、76

2 ❶ 6.08　　❷ 3.3　　❸ 0.54
❹ 16　　❺ 0.96　　❻ 1.875

3 ❶ 3.6　　❷ 4.5

4 ❶ 80×○＝△
❷ 5×○＝△

5 45000 cm³、45 L

6 ❶ 125°　　❷ 50°　　❸ 80°

てびき
　3 $\frac{1}{100}$ の位の数を四捨五入します。
❶ 8.6÷2.4＝3.58……
❷ 25.4÷5.6＝4.53……
5 36×50×25＝45000(cm³)
45000 cm³＝45 L
6 ❶ 180°－(75°＋50°)＝55°
180°－55°＝125°
❷ 180°－65°×2＝50°
❸ 360°－(120°＋90°＋70°)＝80°

冬休みのテスト①

1 ❶ 6 の倍数…6、12、18
　9 の倍数…9、18、27
❷ 18

2 ❶ $\frac{4}{7}$　　❷ 0.625　　❸ $\frac{57}{100}$

3 ❶ $\frac{19}{24}$　❷ $2\frac{1}{2}\left(\frac{5}{2}\right)$　❸ $\frac{11}{18}$
❹ $1\frac{1}{4}\left(\frac{5}{4}\right)$　❺ $\frac{23}{60}$　❻ $\frac{5}{12}$

4 武 (185＋205＋192＋190＋188＋198)
　÷6＝193　　　　答え 193 kg

5 ❶ 武 18÷25×100＝72　　答え 72 %
❷ 武 770×1.1＝847　　答え 847 人
❸ 武 2450÷(1－0.3)＝3500　答え 3500 円

6 ❶ 25.12 cm　❷ 62.8 cm

てびき
　5 ❸ もとにする量を□とすると、
□×(1－0.3)＝2450

冬休みのテスト②

1 ❶ 32 の約数…1、2、4、8、16、32
　40 の約数…1、2、4、5、8、10、20、40
❷ 8

2 ❶ $\frac{2}{5}$　　❷ $\frac{4}{5}$

3 ❶ $\left(\frac{15}{18}　\frac{8}{18}\right)$ ❷ $\left(\frac{45}{72}　\frac{22}{72}\right)$

4 ❶ $\frac{3}{2}\left(1\frac{1}{2}\right)$　❷ $1\frac{5}{6}\left(\frac{11}{6}\right)$　❸ $\frac{1}{6}$
❹ $\frac{2}{3}$　❺ $\frac{1}{3}$　❻ $1\frac{39}{40}\left(\frac{79}{40}\right)$

5 午前 9 時 16 分

6 ❶ A…3.2 kg、B…2.8 kg　❷ A

7 ❶ りんご…39、ぶどう…16、西洋なし…15、
　さくらんぼ…11、その他…19
❷ 　　　　　果実の収かく量の割合

りんご	ぶどう	西洋なし	さくらんぼ	その他

0　10　20　30　40　50　60　70　80　90　100(%)
（合計 1200t）

てびき
　4 ❻ $1.35＝1\frac{35}{100}＝1\frac{7}{20}$
$1.35＋\frac{5}{8}＝1\frac{7}{20}＋\frac{5}{8}＝1\frac{14}{40}＋\frac{25}{40}＝1\frac{39}{40}$

学年末のテスト①

1. ① 8.7 ② 0.012 ③ 0.93
   ④ 1.5 ⑤ 1.6 ⑥ 0.064
2. ① 9% ② 80%
   ③ 0.65 ④ 1.3
3. 式 600×(1+0.04)=624　　　　答え 624人
4. 8cm
5. ① 式 14÷4=3.5　　　　答え 時速3.5km
   ② 式 2700÷15=180
   　　 180÷60=3　　　　答え 3分
6. ① 35cm² ② 20cm² ③ 35cm²

てびき　3 増えた児童数を求める方法もあり
ます。
600×0.04=24　　600+24=624(人)
4 1.8L=1800cm³ です。
水の深さを□cmとすると、
15×15×□=1800
　　　　□=1800÷(15×15)=8
5 ② 分速を求めてから時間を求めてもよいです。
15×60=900
2700÷900=3(分)
6 ① 7×5=35(cm²)
② 8×5÷2=20(cm²)
③ (5+9)×5÷2=35(cm²)

学年末のテスト②

1. ① $\frac{7}{8}$ ② $\frac{7}{15}$ ③ $2\frac{11}{12}\left(\frac{35}{12}\right)$
   ④ $\frac{1}{9}$ ⑤ $\frac{1}{6}$ ⑥ $1\frac{4}{9}\left(\frac{13}{9}\right)$
2. ① 20 ② 192 ③ 500
3. 式 400×(1−0.3)=280　　　答え 280円
4. ⓐ 72° ⓘ 54° ⓤ 108°
5. ① 円柱 ② 37.68cm
6. ① 35% ② 1.4倍 ③ 6時間

てびき　4 ⓐ 360°÷5=72°
ⓘ 三角形OABは、辺OAと辺OBの長さが等
しい二等辺三角形だから、
(180°−72°)÷2=54°
ⓤ ⓤの角はⓘの角の2倍の大きさだから、
54°×2=108°
5 ① 底面が半径6cmの円で、高さが10cm
の円柱になります。
② 辺ADの長さは、底面の円周の長さに等し
くなります。6×2×3.14=37.68(cm)

まるごと 文章題テスト①

1. ① 式 150÷120=1.25　　　答え 1.25倍
   ② 式 120×1.6=192　　　　答え 192g
2. 式 1.6×1.75=2.8　　　　答え 2.8kg
3. 式 28.5÷1.8=15あまり1.5
   　　　答え 15本(できて、)1.5L(あまる。)
4. 式 $2\frac{2}{3}-\frac{7}{6}=1\frac{1}{2}$　　答え $1\frac{1}{2}\left(\frac{3}{2}\right)$L
5. 午後2時15分
6. 式 7.5×4=30
   (30+9)÷5=7.8　　　　答え 7.8点
7. ① 式 12÷60=0.2
   　　 900m=0.9km
   　　 0.9÷0.2=4.5　　　答え 時速4.5km
   ② 式 3.6÷4.5=0.8
   　　 0.8×60=48　　　　答え 48分
8. 式 480−216=264
   264÷480×100=55　　　答え 55%

てびき　5 15と25の最小公倍数は75だか
ら、75分ごとに電車とバスは同時に発車しま
す。午後1時の75分後は午後2時15分です。

まるごと 文章題テスト②

1. 式 150÷2=75
   75×4.4=330　　　　　答え 330円
2. 式 9.6÷(2.5×1.6)=2.4　　答え 2.4m
3. 式 102÷0.85=120　　　　答え 120kg
4. ① 30cm ② 15まい
5. 式 $\frac{11}{15}-\frac{7}{10}=\frac{1}{30}$
   　　　答え 図書館のほうが$\frac{1}{30}$km遠い。
6. 式 540÷36=15　　360÷15=24
   450÷25=18　　360÷18=20
   24−20=4　　　　　　答え 4L
7. ① 午前10時20分
   ② 式 4.5km=4500m
   　　 1時間15分=75分
   　　 4500÷75=60　　　答え 分速60m
8. 式 2.5×(1−0.2)=2
   2×(1−0.4)=1.2　　　　答え 1.2L

てびき　2 直方体の高さを□mとすると、
2.5×1.6×□=9.6
□=9.6÷(2.5×1.6)=2.4